JN259946

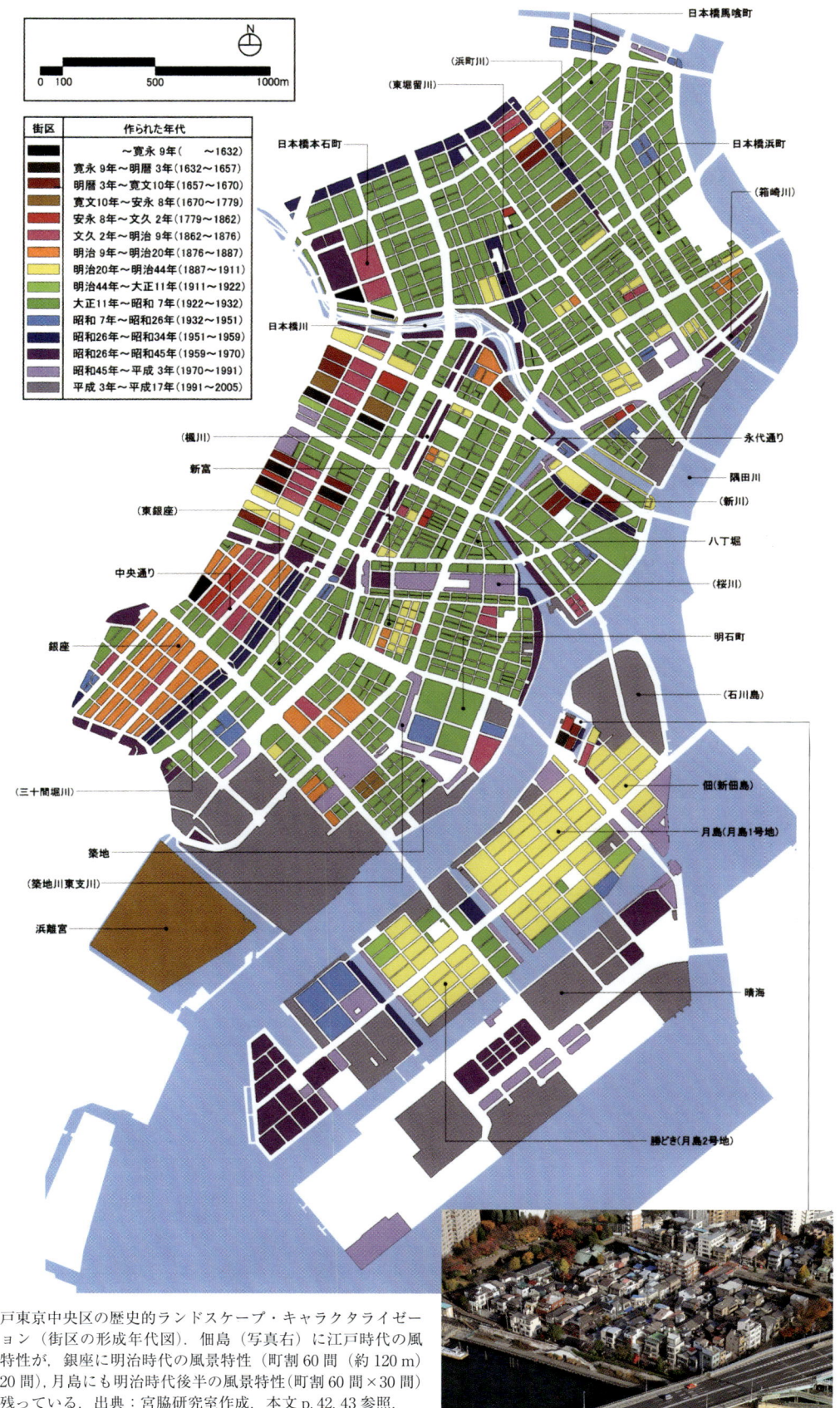

江戸東京中央区の歴史的ランドスケープ・キャラクタライゼーション（街区の形成年代図）．佃島（写真右）に江戸時代の風景特性が，銀座に明治時代の風景特性（町割60間（約120m）×20間），月島にも明治時代後半の風景特性（町割60間×30間）が残っている．出典：宮脇研究室作成．本文 p. 42, 43 参照．

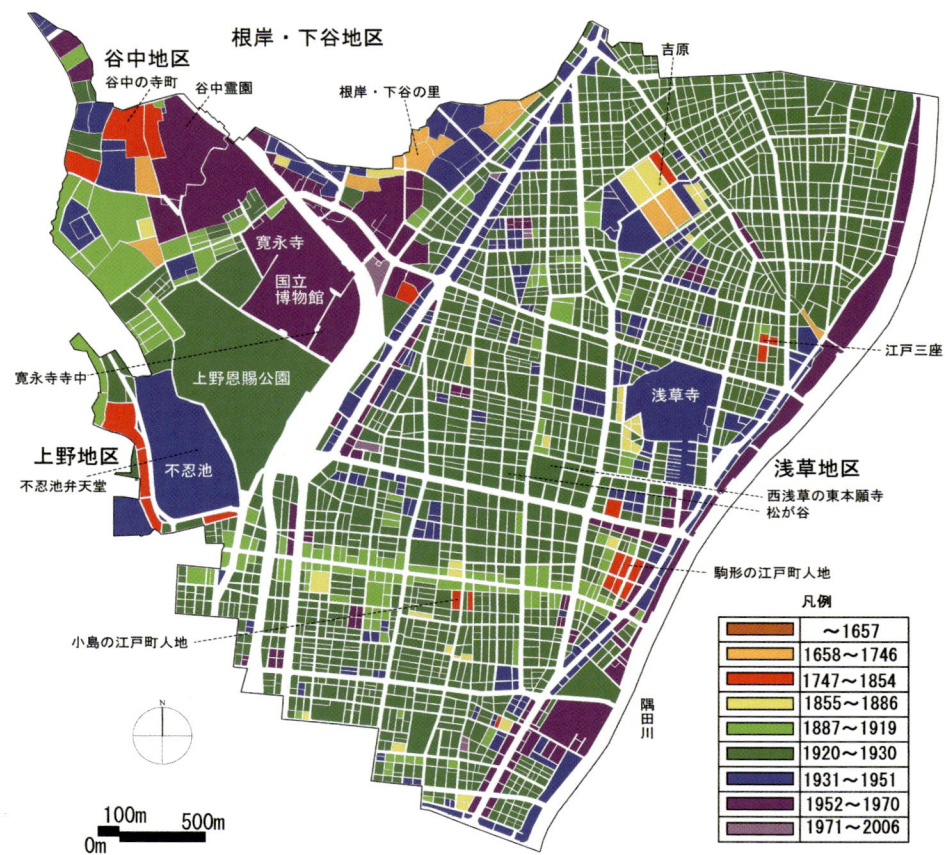

台東区の歴史的ランドスケープ・キャラクタライゼーション（街区の形成年代図）．北西部に江戸時代の風景特性が残されている．出典：宮脇研究室作成．本文 p. 80, 81 参照．

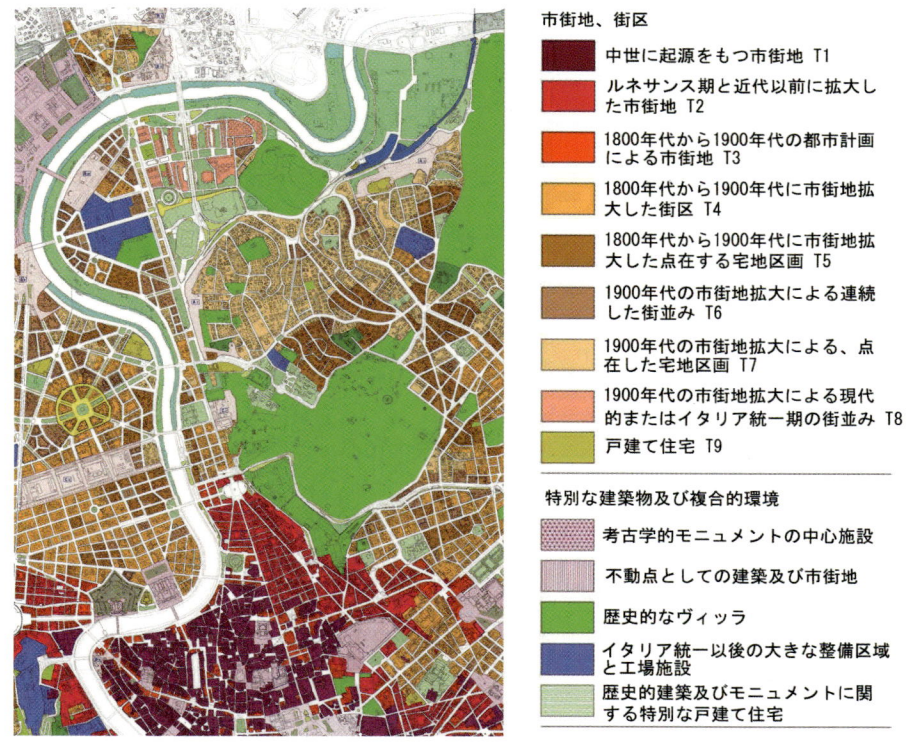

ローマ市都市計画マスタープランに反映された街区の形成年代区分．都市計画規制と街区形成年代を一致させている．Credit：Comune di Roma．本文 p. 68, 69 参照．

千葉県柏の葉アーバンデザイン委員会を通じて,柏の葉キャンパス駅周辺にオープンスペースを創出する.出典:三井不動産.本文 p. 104, 105 参照.

ゲーツヘッド市の水辺のアーバンデザイン.芸術文化都市を目指すランドスケープ・マネジメントが見所.本文 p. 88, 89 参照.

リバプール市の中心商業地区の再生デザイン.オープンモールの 26 の商業複合施設群.公園を囲む楕円で統合する.Credit:BDP.本文 p. 86, 87, 94, 95 参照.

ニューヨーク市タイムズスクエアの整備前（自動車中心）　　　2008年ヤン・ゲール指導のタイムズスクエアの整備後（歩行者中心）

Credit（left and right）: the New York City Department of Transportation. 本文 p. 26, 27 参照.

世界遺産シエナ市のにぎわいをもたらすオープンカフェ．車両の侵入が制限されたカンポ広場上に，店先から出幅5.5 mで，カフェの占用が許可されている．日除けは茶色に統一され，広告物は店名の文字のみで，日除けの先にのみ小さな白文字に限定されているのは，周囲の風景を阻害しないためのルールである．この広場は，中世時代から景観条例があり，壁面を揃え，細い円柱付きの窓のデザインで，市庁舎と合わせている．本文 p. 98, 99 参照.

ランドスケープと都市デザイン

― 風景計画のこれから ―

Landscape and Urban Design

宮脇　勝 [著]

朝倉書店

はじめに

　ランドスケープは，人々が感じている場所のイメージである．人がいなければ，ランドスケープは存在しない．それ故，ランドスケープは個人的で，社会コミュニティ的で，文化的である．また，同じものがなく，多様であり，デザイン的で，芸術的である．ランドスケープは，すべての人の生活の質に関係していることから，市民参加が可能で，分野を横断して学際的で，国際的である．

　自然のないランドスケープも存在しない．ランドスケープは，自然から都市まで，あらゆるエリアに関わり，スケール的にもミクロからマクロまで多様に捉えることができる．そして，過去から未来まで，変化しつつも持続的で，マネジメント可能である．

　あらゆる人は，ランドスケープから逃れることはできず，その世界観とともに生きることを強いられる．それ故，もしもランドスケープの見識が広げられれば，その人の世界観は大きく拡大される．だから感受性を高め，人生を豊かにしてくれる手段として，ランドスケープ学を活用すべきである．

　近年海外では，風景権や環境権が，条約や憲法で人権，社会的な権利として謳われるまでに至っている．ランドスケープとは，環境とともに，健康で文化的に生きていくうえで不可欠な存在であり，公共の福祉に資する重要な資源である．ランドスケープの保護，マネジメント，計画は，人々の権利として位置づけられる必要がある．原発事故による環境汚染の問題からも，日本の将来世代のために，風景と環境の権利を確立する努力が今必要である．

　本書は，この複合的で奥の深いテーマを扱い，大学の授業でも用いることができるように，体系的な整理に考慮した．そして，筆者の関わってきた「研究」「計画」「デザイン」，さらに最後の章で「課題」と称して，普段から思っている現代日本の制度への「批評」を加えている．

　人間は，その感覚の約8割を視覚に頼っているというが，筆者もその視覚に頼ってこのランドスケープや都市デザインのテーマに興味をもった．しかし，学べば学ぶほど，視覚以外の総合的な知識，例えば，歴史，生活コミュニティ，環境の知識によって，実際に見えてくるもののイメージが大きく変わってくることとなる．年齢とともに知識が増せば，同じ風景でも，同じ人の中で見え方が変わるであろう．しかし，知識は先入観やアプリオリともなって，ときに感受性の邪魔にもなる場合もあるかもしれない．そのため特に若い人は，感性を信じて，旅によってランドスケープをできるだけ体験して欲しい．

　また，ランドスケープは，領土や都市といった人々のテリトリー（エリア）の概念につながっているために，政治学や国土・都市・地域計画学に役立てられ，他地域と区別するための「アイデンティティ（存在価値）」となり得る．さらに近年では，環境問題を背景に，ランドスケープは優れた指標として，環境学の中にも活用されている．ランドスケープは，環境の一つの要素であるとともに，有機的な環境組織の全体なのである．環境のスケールは，水蒸気を含む大気，山々と森の緑，川の水の及ぶ範囲，海の広がりとなって立ち現れる．しかし，都市部においては，その自然環境を忘れ，個人や街の表情，人々の活動，歴史的な遺産に目を奪われる．

　ランドスケープとは何か．多くの分野を超えた，人類史上の長い探求である．ランドスケープには誰もが一瞬にして総括的に捉えることができる感覚に基づく世界観の把握，あるいは自然を相手に暮らし，遠くにいる動物を見通せる野性的な本能のような，屋外のおもしろさや楽しさがある．そして日本には，

美しいランドスケープが多くある．ランドスケープの計画学やデザイン学を用いて，私たちが社会に貢献できるような意識につながるように願っている．

ランドスケープを知り，守り，つくることは，いずれも大切である．それらを理解できるように，本書は次のように構成されている．

第1章は，「ランドスケープとは何か」．日本において「ランドスケープ」を正しく認識できていないことが，あらゆる場面において最大の障害となっている．「ランドスケープ」「風景」「景観」などの用語の違いよりも，それらが何を指しているのか，国際的な視野からその学際的な認識を深められるように，最初の章で解説している．そして，本書で用いる用語は，メインを「ランドスケープ」や「風景」に据え，「景観」は景観法の制度に関わる部分の使用にとどめた．「景観」という言葉が，現法の枠では，一部の対象に狭められている点について，国際的な法律や学際的な視野から理解してもらいたい．

第2章は，「ランドスケープの特性と知覚」．具体的に「ランドスケープ」の特性を分析し，人々が知覚できるようにするための，基礎知識，分析方法，評価方法を整理したものである．中でも「キャラクタライゼーション」と呼ばれる方法は，一見平凡に見える地域をある視点から特徴づけて把握するという意味で，地図上の表示手段の有効性を示している．

第3章は，「風景計画」．「ランドスケープ・プラン」でもまったく同じ意味で，対象はランドスケープ特性である自然環境と人工環境，歴史文化の保全と創造のすべてを，土地利用コントロールとともに方向づけるものである．筆者は昔から「風景計画」と呼んできた．今なおこう呼ぶのは，今の日本の景観計画以上のものを含んでいるからである．風景計画書の中身には，地域特性の詳細な分析（特に自然特性，歴史的特性の土地の分析）を含んでいる．現在の日本の景観計画の建築物規制，色彩規制基準を定めれば終わりということでは，行政もランドスケープの特性を十分理解しているとは言い難い．このため，国内の先進事例に加え，日本に欠けている側面については，研究や海外の事例で解説している．

第4章は，「都市デザイン」．日本ではこの分野の遅れも著しく，最近の海外の都市再生事例の質の高さに気がつくはずである．日本の問題は，屋外空間や公共性の概念，デザインの質という概念が，未だに十分理解されていないことに起因している．都市を魅力的に再生するため，アーバンデザイナーの必要性，コンペの必要性，具体的なプランや実施効果について，筆者の提案を交えながら，様々な市街地タイプの事例を用いて解説している．

第5章は，「ランドスケープのための制度と課題」．海外の法制度でもわかるように，ランドスケープに関する国と自治体の責任が大きい．しかし，専門家や市民や学生にもできることはある．本書では，日本でつくられてきた複雑ともいえる制度を学習できるように整理しつつ，それらの制度の課題を筆者の視点から批評を加えることで，読者の考えを一歩進めたり，常に制度改善へと働きかけていく「ランドスケープ・マネジメント」の重要性について気が付いてもらうことを意図している．

最後に，これまでご指導，ご支援頂いた先生方，出版の機会を頂いた朝倉書店編集部，そして両親に感謝の意を伝えたい．

2013年2月

宮脇　勝

[*1] 本書に掲載している図・写真の一部（p.41下，p.43，p.45上，p.51上，p.53，p.59，p.63上下，p.69上，p.75下，p.77，p.79，p.83上下，p.101下，p.135下）のカラー版を，朝倉書店ホームページ（http://www.asakura.co.jp/download.html）でダウンロードできるようにしたので，そちらも参照してもらいたい．
[*2] 本文中で出典のない写真は，すべて筆者の撮影による．

目　　次

第1章　ランドスケープとは何か ——————————————— 1
1.1　ランドスケープの学際性
　1　芸術とランドスケープ　　2
　2　庭園デザインとランドスケープ　　4
　3　人文学とランドスケープ　　6
　4　地理学とランドスケープ　　7
　5　都市デザインとランドスケープ　　8
　6　生態学とランドスケープ　　10
　7　環境アセスメントとランドスケープ　　12
1.2　ランドスケープの定義
　8　欧州ランドスケープ条約の定義と風景権　　14
　9　憲法上のランドスケープの規定と環境権　　16
　10　法律上のランドスケープの定義　　18
　11　日本のランドスケープの定義　　20
1.3　ランドスケープを支える人々のビジョン
　12　水とランドスケープ：広松伝と柳川　　22
　13　スローフード・スローシティ：カルロ・ペトリーニ　　24
　14　人々のアクティビティ：ヤン・ゲール　　26
　15　グローバル・ネットワーク：欧州ランドスケープ条約　　28

第2章　ランドスケープの特性と知覚 ——————————————— 31
2.1　ランドスケープの時代特性
　16　先史時代・古代のランドスケープ　　32
　17　中世・近世のランドスケープ　　34
　18　近代のランドスケープ：パリ大改造，モダニズム　　36
2.2　ランドスケープの分析把握
　19　パノラマとスカイラインの知覚：港町横浜と富士山　　38
　20　東京タワーの歴史と富士山への眺望：眺望アセスメント　　40
　21　道路と街区の歴史的ランドスケープ：江戸東京都心部のキャラクタリゼーション　　42
　22　GISによる土地利用分析：千葉の里山の不変化とモニタリング　　44
　23　航空写真と現地調査：館山市の生垣　　46
2.3　ランドスケープの評価
　24　ランドスケープ特性アセスメント：イングランド　　48
　25　歴史的ランドスケープ・キャラクタリゼーション　　50
　26　鎌倉市の歴史的ランドスケープ・キャラクタリゼーション　　52

27　ランドスケープと経済評価：金沢，倉敷のヘドニック分析　　54
　28　市民参加と社会的評価：オホーツクのワークショップ　　56

第3章　風景計画　　57
3.1　ランドスケープ・プラン（広域の風景計画）
　29　ランドスケープ・プランニング：風景計画とプランナー　　58
　30　自然地理学的特性：阿蘇山と宍道湖　　60
　31　歴史的特性：イタリアのラツィオ州　　62
　32　広域の眺望：ロンドンと東京都　　64
3.2　アーバン・ランドスケープ・プラン（都市の風景計画）
　33　市内の眺望（ローカル・ビュー）：倉敷市，金沢市，京都市　　66
　34　歴史的都市ランドスケープ：ローマ市マスタープランによる風景規制　　68
　35　庭園と公園：京都市，東京都，広島市　　70
　36　都市計画との整合性：柏市住宅地　　72
　37　素材と色彩：トリノ市とヴェネツィア市　　73
3.3　歴史的ランドスケープの評価と危機
　38　山村の風景：中之条町六合地区　　75
　39　遺跡の風景：堺市の百舌鳥古墳群　　78
　40　寺町の風景：東京都台東区の歴史的ランドスケープ・キャラクタライゼーション　　80
　41　運河の風景：東京都江東区の水辺ランドスケープ・キャラクタライゼーション　　82

第4章　都市デザイン　　85
4.1　パブリックスペースの再生
　42　アーバンデザイナーの役割：マスタープランとマスターアーキテクト　　86
　43　ウォーターフロントの都市デザイン：ゲーツヘッド市の都市再生　　88
　44　運河沿いのプロムナードと水域占用：東京の朝潮運河　　90
　45　公共空間の創造と歴史的建造物の保存：ブラッドフォード市の都市再生　　92
4.2　中心商業地区の都市再生
　46　商業地区のマスタープラン：リバプール・ワン　　94
　47　道路の占用とオープンカフェ：ヴェネツィア，シエナ，ロンドン　　96
4.3　工業地区の都市再生
　48　工業地区の都市再生と市民参加：サンフランシスコのミッションベイ地区　　100
　49　森と水辺の都市再生提案：木材産業の再生と新木場　　102
4.4　住宅地の都市デザイン
　50　事業コンペと協議型デザイン：柏の葉キャンパスタウン　　104
　51　戸建て住宅地のコモン：宮脇檀の仕事　　106
　52　エコタウン：横浜の十日市場　　108

第5章　ランドスケープのための制度と課題　　109
5.1　保存の仕組み
　53　名勝と国立公園　　110

54 風致地区と古都保存法と都市緑地：京都，鎌倉　　112
55 重要伝統的建造物群保存地区　　114
56 重要文化的景観：板倉町の水場　　115
57 世界遺産条約とランドスケープ　　116

5.2 形成の仕組み
58 美観地区と景観地区：東京丸の内，京都市，芦屋市　　118
59 公園と学校の配置：公園制度と近隣住区理論　　120
60 高さ・形態規制と地区計画：京都，幕張ベイタウン，ヴィータ・イタリア　　122
61 条例，協定，景観法，歴史まちづくり法：横浜の元町商店街，真鶴町，景観法の課題　　124
62 屋外広告物規制：地域固有の方法を採用すべき　　126

5.3 ランドスケープ・マネジメントの課題
63 田園風景のマネジメント：イギリスの環境農業支援制度　　128
64 都市遺産の再生マネジメント：レスタウロと改造　　130
65 都市デザインのマネジメント：設計者選定とデザイン・レビュー　　132
66 ランドスケープ・アセスメント：再生可能エネルギー施設の評価方法　　134

参考文献　　137
索引　　141

1

ランドスケープとは何か
Definitions of "Landscape"

1.1　ランドスケープの学際性
1.2　ランドスケープの定義
1.3　ランドスケープを支える人々のビジョン

01 芸術とランドスケープ

■古代芸術とランドスケープ

人間のランドスケープの認識を最初に表し，後世に残したのは，絵画芸術である．人間が存在して以来，人間は場所との関わりの中でランドスケープを認識し，表現してきた．ポンペイの壁画のように，古代より人々はランドスケープを感じ，絵画にその時代の認識を示す証拠が残されている．絵画に描かれたのは，家畜，農産物のほか，野鳥，花，森といった自然の美の表現であった．中国では，当時の壁画は残念ながら現存しないが，山岳信仰を背景に既に4世紀に山水画が成立し，8世紀以降に発達したという．

古代遺跡にも芸術的なランドスケープデザインが見出される．例えば，イギリス各地のストーン・サークルの儀式空間デザイン，ポンペイの都市広場と背後のヴェスヴィオ山への山アテ（～1世紀），ローマ皇帝ハドリアヌスの別荘ヴィッラ・アドリアーナの庭（2世紀）の彫刻と水盤など，個性的である．

エジプトや中南米に見られる様々な幾何学形態のピラミッドのランドマークに加え，仁徳天皇陵古墳（5世紀）に代表される日本独自の古墳のランドマークは，周濠を二重，三重に巡らした世界最大のデザインで，日本の稲作の灌漑技術を背景に，水と墳丘の独自の芸術である．

■中世から近世の芸術とランドスケープ

武家政権をもたらした平清盛が，12世紀に建造した海に浮かぶ厳島神社のランドスケープは，瀬戸内海の海上ルートを治めた平家による独自の「シースケープ」デザインコンセプトである．

欧州では，14世紀の中世に都市と田園のランドスケープをみごとに描いたシエナ市のフレスコ壁画が有名である．当時，ギルド商人の統治下において雇われた画家ロレンツェッティは，善政と悪政の政治寓意を，プッブリコ宮殿に描いている．城壁内外のランドスケープによって，人々の自治の姿が描かれている．

日本でも同様に16世紀以降の絵画芸術において，大和絵の技法を用いた屛風絵『洛中洛外図』が見られ，京都の自治の姿として，武家，公家，寺院，庶民の様子が描かれている．

同じ16世紀に，農民の生活風景を描いたブリューゲルは，近景から遠景まで異なるランドスケープを一つの絵に同時に描き，独創的である．

■近代芸術とランドスケープ

17世紀にオランダで風景画が普及したのも，海外貿易で成功した中産階級が風景画を所有できるようになったことが背景にあった．このとき，地域自治としてのランドスケープの姿ではなく，「個人」が自然や田園の美しい眺めを求めるという認識に変化している．

18世紀のイギリスで，貴族の子弟たちが教養を身につけるために，フランスやイタリアを1年ほどかけて旅した「グランツーリズム」が流行し，このときに風景画が多数印刷される．

19世紀の日本でも，一般に旅行が可能となるとともに，木版多色刷りの浮世絵を用いて，葛飾北斎の『富嶽三十六景』や歌川広重の『東海道五十三次』で，風光明媚な風景美が独自の手法で描かれている．

■現代芸術とランドスケープ

現代において，芸術家の活動は多岐にわたるが，風景芸術も出てきた．例えば，クリスト，ダニ・カラバン，イサム・ノグチ，ロバート・スミッソンらが，個々のランドアートの新分野を確立した．ランドスケープ・アーキテクチュアの中にも，芸術性の高い作品が見られる．

ポンペイの壁画．古代において，ランドマークとなる建造物，橋，人間，動物，樹木などの風景が描かれている．

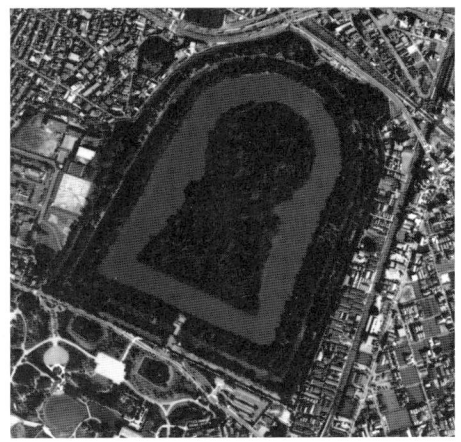
仁徳天皇陵古墳の芸術性と巨大性．出典：1985年国土交通省カラー空中写真．p.78 も参照．

アンブロージオ．ロレンツェッティ作『都市の良い政治効果の寓意画』（部分，1338～1339年）．出典：シエナ市パラッツォ・プッブリコ．

ピーテル・ブリューゲル作『雪の中の狩人』（1565年）の近景と遠景の表現．

クリストの作品は，新しいランドスケープを創造する芸術である．Credit：Dddeco．

1.1 ランドスケープの学際性

02 庭園デザインとランドスケープ

■**考古学における庭園デザイン**

西洋庭園デザインの原点は,エデンの園(楽園)であり,囲われた中庭などにシンボリックな「果樹」を古来より中心に植えた.また,都市と対比するように,田園をモチーフにしたアルカディア(理想郷)を創造した.それは個人の趣味趣向や個性が,十分に反映できる世界像でもあった.

一方,日本において『万葉集』(7世紀)では,庭園の池が歌われ,荒磯を思わせる石組があり,海の風景を表現しようとした.海浜・荒磯・島など海景描写の多いことは日本庭園形成の基幹をなす.池での舟遊びも加わる.

また,日本における独特の習慣に花見がある.そのルーツは京都の神泉苑にあり,平安時代の名残のある庭園で,812年に日本最初の桜の花見の宴の記録がある.

借景の手法も日本的である.歴史も古く平安時代,京都の大覚寺境内にある大沢池のランドスケープ(8世紀)は,北嵯峨の山並みに囲まれ,地形を活かした風景がつくられた.

日本最古の庭園書『作庭記』(11世紀)によれば,寝殿造庭園と呼ばれる日本様式が確立し,山,海,川,滝といった名勝を思い浮かべ,家主の風情を織り込むという世界観がつくられた.その世界観は,現在に引き継がれている.

■**中世の日本庭園デザイン**

中世において,庭園デザインは絶頂期に入る.そこには,心を静める禅の思想が影響している.とりわけ夢窓疎石(1275-1351)の設計した西芳寺庭園(1339年改修,世界遺産)は,下段が浄土的な池のデザイン,上段が禅宗的な枯山水となっている.湿潤な日本らしい苔むした姿は,何とも落ち着きを醸し出す.また,疎石の天龍寺の庭園(1345年,世界遺産)は,禅の理想郷が石組の配置に表れ,手前に曹源池と白砂,背後に亀山と嵐山を借景した大きな風景を作り出している.

京都の円覚寺(1611年)から比叡山の借景もみごとである.岡山の後楽園に至ると,その借景はさらに遠くへ,広がりをもたらす.

江戸時代中期や後期になると,回遊性をデザインした庭園も沢山つくられた.例えば,改修された銀閣寺庭園の高低差のある回遊性も,コンパクトに地形を活かしたデザインである.大名庭園となると,より大きな回遊式庭園の兼六園がつくられている.

■**イタリア式とフランス式庭園デザイン**

イタリア・ルネサンス期に商業で成功した貴族が,15,16世紀を中心にフィレンツェやローマの郊外に別荘を建設した.その幾何学的な庭園は,イタリア式庭園と呼ばれ,庭園史上重要なスタイルを生み出した.特徴は,文芸,田園の豊かな生活,眺望,テラス,樹木,噴水,彫刻など,周囲の環境と一体となったデザインにある.噴水で有名なティボリのエステ家別荘の庭園(16世紀)もその好例である.

17世紀のバロック時代を中心に,フランス式庭園デザインが確立する.幾何学性はイタリア式庭園の輸入であるが,そのスケールが異なるとともに,シンメトリーな性格が強い.ベルサイユ宮殿(17世紀)は,その代表例である.

■**近現代のランドスケープ・アーキテクト**

庭園から近代公園へと対象を広げると,フレデリック・ロー・オルムステッドは,アメリカの諸都市の計画の際に,公園とパークウェイを計画した第一人者である.現代日本では,日本庭園のすばらしさを多分野に説き,まちづくりに活かす進士五十八がいる.

天龍寺方丈庭園（1345年，世界遺産）は，禅の理想郷．秀逸な石組，手前に白砂，曹源池，亀山，背後に嵐山を借景している．

天龍寺方丈庭園．曹源池の滝石組と日本最古の石橋のデザイン．

イタリアのエステ家の別荘（ヴィッラ・デステ）．豊富な水のデザイン．

イタリアのエステ家の別荘（16世紀，世界遺産）．庭園の中心軸を別荘テラスに合わせることで，効果的なビスタが得られる．庭園やティヴォリ市歴史地区を含み，風景計画（p.63参照）で周囲のランドスケープが一体的に保存されている．

03 人文学とランドスケープ

■ 古代文学とランドスケープ

　日本文学で「風景」の起源は，日本最古の和歌集『万葉集』（7, 8世紀）や歴史書『古事記』（8世紀）にさかのぼることができる．唐木順三の『日本人の心の歴史』（1993年）において，万葉集に見出される花鳥風月への思いを，日本の風土に由来する季節感に鋭敏な日本人の感受性を紹介している．日本人が古来自然へ切り込む心が深く鋭く，感動と崇拝をもたらした由来を，弥生時代以降の農耕民族の生活様式に求めている．

　江戸時代の国学者本居宣長は，外国の「理」ではなく，「事」や「物」の心（感受）によって知ることが大切と説く．「事」や「物」とは，一般的な物事ではなく，花の咲く事，花を見る事，といった個別の出来事で，直接見たり聞いたりする素朴な自然主義である．唐木は，「日本人はまず個事，個物に向かう．ディティールに注意する．論理的，哲学的ではなく，審美的，芸術的である」と同様に捉える．この小さなリアリズムから入る感受性は，現代日本人にも通ずる．

　唐木はさらに，
　　「見れど飽かぬ吉野の河の常滑（とこなめ）の絶ゆることなくまた還り見む」（万葉集巻一，三七）
を取り上げて，吉野の美しい自然風物を見ながらも，天武持統朝の時代の苦渋と勝利の記憶が生々しく結びつく様から，この場合の「見れど飽かぬ」の「見る」とは，単なる空間ではなく，過去や未来の時間概念を含めて，眼前の自然物を見ていることを意味していると説く．

■ 中世文学とランドスケープ

　西洋文学史の中で，詩人フランチェスコ・ペトラルカ（伊）が1336年にアルプスのモン・ヴァントゥ（仏：Mont Ventoux）に登った際に歌った風景美は，ランドスケープの概念をヨーロッパで初めて生んだ（文献5, 6, 7）．

　また，詩人ジョヴァンニ・ボッカチオ（伊）の『デカメロン』（1351）において描かれる「ヴィラ（別荘）の庭園からの良い眺め」は，庭園が文学に影響を与えた初期のものであった．

　比較文学者ミカエル・ヤコブ（スイス）によれば，フランス語のpaysage（風景）は，詩人ジャン・モリネ（仏）が1493年に初めて用いた造語で，pays（国）とage（全体性）の複合語だという．この言葉は当時既にあったオランダ語のlandschapを模してつくられたというが，landscapeのようにゲルマン系は「土地の姿」を意味する．一方，フランス語paysは「国」の語源pagus（一つの杭を打ち込む）の意から，マーキングされたテリトリー（領域，領土）を意味し，ラテン系で共通する．今日，ランドスケープという言葉が，眺めだけでなく，領域を意味し，地域のアイデンティティを表すのはこれらの語源に由来している．

■ 現代文学とランドスケープ

　ヤコブは，太宰治の『富嶽百景』（1939年）を取り上げ，太宰自身が実際に見て，富士山を「低い」山と表現したことに着目する．富士山は，幾度となく語られ，描かれた後，誇張された高い山の偶像観念（アプリオリ）となり，先入観なしに見ることが難しくなっている．本当のランドスケープは，実際に見た本人の個々の意識の中にあるものと強調する．このような観点からヤコブはP＝S＋Nとランドスケープを定義する（2009年）．Sは主体（主体となる人間なしにランドスケープはない），Nは自然（自然なきランドスケープはない），そしてPはランドスケープで，SとNとの間の関係で成立し，「主体と自然の接触なしにランドスケープはない」という意味で，とても示唆的である．

04 地理学とランドスケープ

■ **地理学の誕生**

最初に地理学を誕生させたのは，エジプトのプトレマイオスであり，その著書『地理学』（2世紀）にさかのぼることができる．彼の地理学の定義である「この地球の人知に及ぶ部分の全体と，あわせて，通常そこに結びつけられるものとを図形化して表現するもの」は，ランドスケープの認識にも通ずる定義である．プトレマイオスの地図は，印刷技術の発明により，イタリアのルネサンス期の16世紀に復元され，西洋で一般に広まった．

■ **近代地理学の確立**

新世界と国際的な文化の探検が，さらなる地図の発展をもたらし，ランドスケープの描写を豊かにしていった．18世紀の歴史哲学から19世紀に自然科学が登場するにつれ，近代地理学が確立していく．

博物学者，探検家アレクサンダー・フォン・フンボルト（独）は，大著『コスモス』（1845年）において，南米大陸の探検などを経て，動植物の分布と地理的な要因との関係を説き，近代地理学の方法論を見出した．フンボルトは，「一つの土地の複合的な印象」として，生命と非生命のすべての関係をランドスケープと捉えている．

その後1880年代，フリードリヒ・ラッツェル（独）は，地域の自然環境によって人間活動が決定されるという論（環境決定論）に基づいて，地理学を確立していった．彼は地球と人間，国家と領土の関係，自然ランドスケープと文化ランドスケープの関係を追求した．

続いて，ヴィダル・ドゥ・ラ・ブラーシュ（仏）は，ラッツェルの環境決定論を修正した．自然環境は人間に可能性を与える存在であり，人間が積極的に環境づくりに関わることができるという環境可能論を唱え，地理学の基礎を築いた．

■ **日本の地理学，景観論，風土論**

1894年に地理学者志賀重昂の『日本風景論』は近代日本の風景地理学のベストセラーであった．日本風景の自然環境の特性に基づいて，気候と海流，多量の水蒸気，多々なる火山岩，浸食激烈なる流水，の4つの視点から語っている．

また，志賀は地理学の講義にあたって日本の構造を説明するのに三角形の断面図を用いた．頂点が本州の中央大山系で水蒸気が多く，雨となり，水源となり，日本海岸側と太平洋岸側に二分されて川が流れ込むと，単純明快に日本の地域性を説明する．そして，日本国土の中央に走る山の風景をシンボライズした．

「風景」は中国から入った用語である一方，「景観」という用語は，植物学者の三好学が，『植物生態美観』（1902年）以降に用いた造語である．地理学者の辻村太郎の『景観地理学講話』（1937年）で，「景観はドイツ語のラントシャフトに対して，植物学者の三好博士があたえた名称である」と紹介することで，地理学分野などで，景観という用語が広く普及される．

そして，『風土：人間学的考察』（1935年）は，よく読まれた日本の風景論である．著者の哲学者和辻哲郎は，西洋哲学，近代地理学を原点から学んでいる．この本の最初に定義があり，「ここに風土と呼ぶのはある土地の気候，気象，地質，地味，地形，景観などの総称である」としている．また，和辻は，風土と自然環境の決定的な違いについて，風土は「人間の自己了解の仕方」「表現」である点や「その歴史性」にあるとする．

現代では，地理学者オギュスタン・ベルク（仏）により，日本の文化，自然，田園，都市，政治に，外国人の目から見た日本の考察が見られる．

05 都市デザインとランドスケープ

■**都市デザインの歴史**

古代都市から現代都市に至るまで，あらゆるデザインや先進技術が総合化されてきた．都市デザインは，時間が生み出す芸術である．例えば，近代を取り上げれば，19世紀のアメリカの「都市美運動」があった．20世紀の「モダニズム」は，それ以前の歴史的文脈を断ち切り，機能主義的な都市像や交通工学との結びつきを強めた．だが，行き過ぎた機能主義や自動車社会に疑問も生じ，現代では，以前にも増して環境配慮型（歴史的景観，エコロジー的環境，人間的環境）の都市デザインが求められている．

■**都市・建築学とランドスケープ**

建築学から都市部のランドスケープの研究も進められた．ゴードン・カレン（英）は，代表的な『タウンスケープ』（1961年）で，「ひとつの建物は建築だが，2つの建物はタウンスケープ（都市景観）である」と定義し，建物相互の関係と建物の間のスペースが重要な鍵と捉えた．

ケヴィン・リンチ（米）は，『都市のイメージ』（1960年）で，市民が都市に対して共通に抱くパブリック・イメージが存在することに着目した．そのイメージしやすさ（イメージアビリティ）を高めることで，美しく楽しい環境につながり，その効果として，市民の情緒が安定する価値，都市概念の構成を理解できる価値，日常体験の新しさを生む価値を指摘した．

芦原義信は，『街並みの美学』（1970年）で，街並みは「風土と人間とのかかわりあいにおいて成立するもの」と位置づけた．西欧の公共的な外部の秩序に対し，日本の場合，家庭という私的な内部の秩序が中心であることを指摘し，屋外空間への意識転換の必要性を強調した．

■**工学とランドスケープ**

日本では欧米と異なり，建築と都市は土木とともに工学部で，エンジニアの気質が強い．そのため，工学研究として，より物的側面の客観的把握が目的化した．例えば芦原も，道路幅と建物高さの比率（D/H）に着目した．土木工学の樋口忠彦は，『景観の構造』（1975年）の中で眺望の視覚的性質を，多くの実例を通じて数値で理解できるようにした．一方，日本に景観の明確な定義が少ない中，中村良夫は，『景観論』（1977年）で，「景観とは人間をとりまく環境のながめにほかならない」と定義し，人間と環境の視覚的関係性，景観に対する人々の感受性を重視している．

■**設計デザインとランドスケープ**

実施の設計デザインから都市デザインを行う実務家のアプローチは，都市空間に刺激をもたらした．日本では，丹下健三，黒川紀章，槇文彦，菊竹清訓，渡邊定夫，蓑原敬，宮脇檀，加藤源，篠原修，内藤廣，中野恒明らが人工物のデザインを通じて，都市部のランドスケープをリードした．

■**計画学とランドスケープ**

ハード中心の限界から屋外活動に着目したヤン・ゲール（デンマーク）と北原理雄は，人々中心の計画づくりを推奨した．陣内秀信は，歴史を基礎に都市の魅力を読み解き，多分野の人々に伝える．鳴海邦碩は活き活きとした景観を説き，後藤春彦ら日本建築学会は『生活景』と呼び，景観の背後の生活への眼差しが重要と説く．

ランドスケープの計画づくりは，1960年代後半からの景観条例，文化財保護法改正（1975, 2004年），景観法（2004年）を通じ，プランナーによって作成された．西村幸夫は，地域からの計画学，特に都市保全計画を普及してきた．

ゴードン・カレン『タウンスケープ』(1961年)の原本の後半には，具体的な調査と提案が見られる．中でも，ロンドンのセントポール寺院のタウンスケープについて，その周囲の街区と寺院との関係に着目して研究している．当時，寺院周辺は戦災を経て，様々な再開発案が議論された．他案を比較しながら，カレンはオーソドックスな案を用いて自身の意見を述べている．上図は，カレンが描いたパースである．アイレベルではセントポール寺院のドーム部分は見えず，景観上の重要な要素として，広場と人々の様子，教会の外観下部，望ましい背後の近代建築の高さ，手前のアーケードとカフェを予想している．寺院周辺をペデストリアンにすることで，ロンドンの現代生活と教会の関係を屋内外につくることができる．この地区は現在まで，周囲には高さ規制がかけられている．

芦原義信『街並みの美学』(1970年)より．G.B.ノッリの『ローマの地図』を引用している．図と地の反転によって，屋内外，公私の空間を読み取ることができる．地（ベース）を白色とすれば，黒色が図（フィギャー）となるが，左は公共空間が図，右は建物が図として見え，日本人に公共空間の認識を促した．

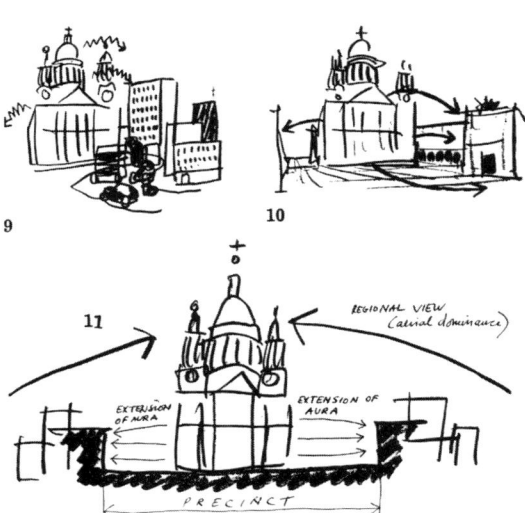

 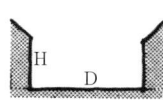

D/H≒0.5　　D/H≒1　　D/H≒2
中世の都市　ルネサンス時代の都市　バロック時代の都市

芦原義信『街並みの美学』(1970年)より．建物と建物の間の距離Dと建物の高さHの比率を指標とする提案．建物の高さに比べ，中世の都市は道路幅が狭く，バロックは道路幅が広いため，D/Hは景観に大きな影響を与える．D/H＝1は美しいとされる．

ゴードン・カレン『タウンスケープ』(1961年)より（図番号は原著のまま）．図9は，寺院の周囲を通常に近代化してしまうと，不揃いな建物高さと自動車の乱入を招くので憂いている．図10は，寺院と周囲の建物の間に空間をつくり，周囲の建物の高さを揃え，人のための広場とする提案をしている．図11も同様に，寺院を囲む空間の境界線を設け，教会のオーラを周囲に確保することを提案している．また，周囲の建物の高さを抑えることで，ロンドンの教会としてドームのもつ広域ランドマーク性を維持する必要性を伝えている．p.64参照．

06 生態学とランドスケープ

■ランドスケープ・エコロジー

　生態学からのランドスケープ研究を最初に提唱したのは，地理学者カール・トロール（独）である．1968 年にトロールは次のようにランドスケープ・エコロジーを定義した．「ランドスケープ・エコロジーは，ランドスケープ，エコロジー，それぞれがもつ概念と，両者が結合してもつ概念の，二つをあわせもつ．この概念は，科学の専門化と細分化が進み，自然現象・社会現象が分析的に解釈されるのに対して，総合的なものの見方を再び評価しようとする科学者の努力によってうまれた」．

　一方，エコロジカル・プランニングの方法を確立したイアン・マクハーグは，『デザイン・ウィズ・ネイチャー』（1969 年）において，水，地質，土壌，地形，森林，野生生物，歴史的ランドマーク，現況の土地利用といった様々な環境情報を地図化し，最適な将来の土地利用を導くためのオーバーレイ・システムを提示した．マクハーグは，「開発は避けがたく受け入れなければならないが，規制なき開発は確実に破壊をもたらす．計画的発展こそ得るものが多い．官民が協力して，地域計画の実現に努めることができる」と地域のエコロジー環境に基づく計画手法を具体例で示した．

　ランドスケープ・エコロジー研究は 1980 年代に活発化し，生態学者リチャード・フォアマン（米）とマイケル・ゴドロン（米）（1986 年）は，「ランドスケープは，相互依存的な生態系群のクラスターからなる異種異質な土地の広がりであり，クラスターは類似の形態をもって繰り返し現れる」と定義する．生物群の現れる土地に着目し，特に空中写真を用いたランドスケープの構造，機能，変化の研究を行う．今日の研究の基本的な空間の考え方となる，「垂直的関係」と「水平的関係」を示した．

　アン・スパーンは『アーバン・エコシステム：自然と共生する都市』（原著書名：The Granite Garden, 1984 年）において，都市と自然を独立正反対のものと捉えるのではなく，「都市の自然環境が持っている可能性を見逃さず，目先の費用負担や利益にもとらわれず，数知れない人間の営みが及ぼす影響を把握しながら，増える一方の改善事項の調整を図る」と，都市の中に潜む自然環境を捉えて，意欲的に活用することを提唱している．

　武内和彦は，『ランドスケープ・エコロジー』（2006 年）において，ランドスケープ・エコロジーは，人間とその活動を支える生態系の関わりを，生態学的・地理学的視点から分析・総合・評価し，人間にとって望ましいランドスケープを保全し，創出する手法を考える研究領域であるとした．ランドスケープを，「人間とその周囲の環境の総体としての認識像であり，地域的な広がりをもった概念である」と定義し，俯瞰的に，かつ，総合化に捉えようとする．

　また，ランドスケープ・エコロジーでは，地球の歴史から見た時間的スケールと，地域から国土スケールに及ぶ空間的スケールの両方から捉える必要がある．生態系にダイナミズムを与える「攪乱」（disturbance）が重要で，人間が関わる「二次的自然」こそが，豊かな生態系を生んでいる．日本の「里山」やイギリスの「ヘッジロー（囲い込み農地の生垣や樹木）」がその代表例である．

■ランドスケープ・アーバニズム

　チャールズ・ウォルドハイム（米）は，『ランドスケープ・アーバニズム』（2006 年）において，「ランドスケープは媒体である」と捉え，従来の都市デザインが建築中心の介入だったのに対し，ランドスケープが媒体となって取って代わるという考え方を示している．

イアン・マクハーグ『デザイン・ウィズ・ネイチャー』(1969年)より．ボルチモア郊外の住宅地開発で自然環境が失われることを憂い，具体的な研究提案を行った．自然を効果的に残し，開発を規制することで，美しいランドスケープとともに，計画なき開発よりも利益を出すことが可能と試算した．図は地形に基づいて規制のバリエーションを設けた，最適土地利用図の一部である．

イアン・マクハーグ『デザイン・ウィズ・ネイチャー』(1969年)より．最適土地利用の提案により得られるランドスケープ．上から非森林台地（1エーカーあたり2戸またはそれ以上），森林台地（1エーカーあたり1戸），森林谷傾斜地（3エーカーあたり1戸）．自然環境に応じて，規制のバリエーションを設ける提案．

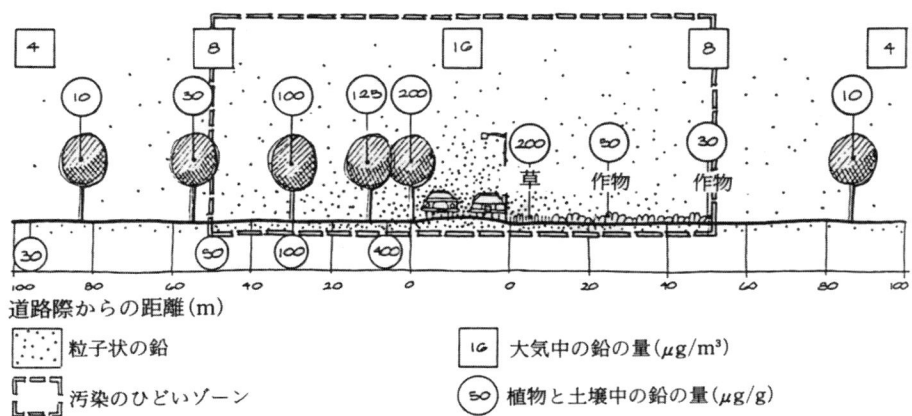

アン・スパーン『アーバン・エコシステム』(1984年)より．鉛は道路沿いの大気，土壌，植物中に濃縮蓄積する．道路上は高濃度の鉛を含む大気であるが，距離が離れるとともに大幅に減少する．スパーンは，街路樹設置による大気汚染の吸着力によって，都市部の大気を改善することを提案している．出典：文献27．

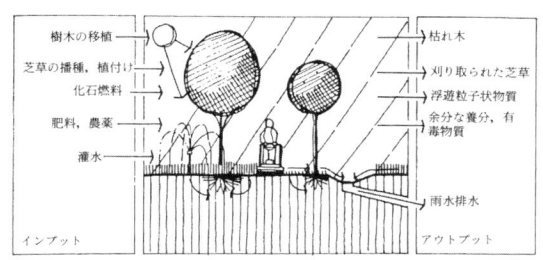
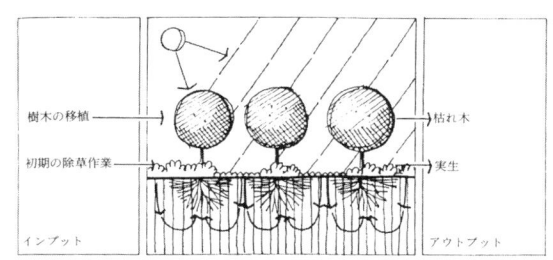

アン・スパーン『アーバン・エコシステム』(1984年)より．たくさんのエネルギーを取り入れる必要がある公園からは，汚染物質が排出される問題がある（左）．一方，自然のエコシステムに近づけるように，閉鎖的なシステムで管理運営できるように設計された公園では，ほとんど資源消費がなく，公園内で分解浄化され，廃棄物は外に出ない（右）．出典：文献27．

07 環境アセスメントとランドスケープ

■環境アセスメントのランドスケープ評価

現在，世界において「ランドスケープ」は，環境問題の重要な一つと捉えられている．環境問題への対応ニーズの高まりから，環境アセスメント制度が70年代以降，世界各地で導入された．環境アセスメント制度は，実施の決定前に環境に対する影響を評価する手続のことであるが，2種類ある．一つは，環境影響評価（Environmental Impact Assessment：EIA）と呼ばれ，計画決定済みの開発事業に対して，周囲への環境影響を低減すべく専門家による評価を行い，市民に公表したうえで，事業者に配慮を求めるものである．

もう一の環境アセスメントは，戦略的環境アセスメント（Strategic Environmental Assessment：SEA）と呼ばれる．これはEIA以前の段階，つまり，「計画」段階やそれ以前の「政策」段階にまでさかのぼって，環境配慮を専門家が評価し，市民に公表し，環境に配慮した計画を導くものである．さらに「環境」影響だけでなく，「経済」や「社会」への影響を総合評価する，サステナビリティ評価もイギリスで見られる．

■環境アセスメントのプロセス

EIAもSEAも，いずれもそのアセスメント・プロセスは類似していて，共通キーワードがある．①スクリーニング，②スコーピング，③ベースライン，④予測，⑤アセスメント，⑥ミチゲーション，⑦モニタリングである．それぞれのプロセス段階でランドスケープ・アセスメント（評価）を行う．スクリーニングとはアセスメントの対象を選ぶことをいい，スコーピングはその対象に加えるアセスメント評価要素を定めることをいう．ベースラインは基準となる既存の状況を評価するもので，予測は計画による影響の大きさを予測することである．アセスメントは，以上のプロセスの結果，環境影響評価をまとめる作業で，ミチゲーションは計画による環境影響を低減するための措置を提示し，代替案を含めた選択肢を示すことである．モニタリングは，このアセスメントの結果が活かされているか，その後の状況をモニタリング調査することで，不足があれば改善を求める．

■環境影響評価 EIA

EIAは日本でも1997年から環境影響評価法に基づき，規模が大きな事業を対象に，都道府県や政令市で条例を制定し導入されている．評価要素は，大気質，騒音・振動，悪臭，水質，地下水，地形・地質，土壌，動物・植物・生態系，景観，ふれあい活動の場，廃棄物等，温室効果ガスなどである．

景観（ランドスケープ）のアセスメントには，視覚的評価も有効な手段である．例えば，発電所や風車の計画で，理論上の可視域（ZTV）が示され，視覚的影響の低減を求めている．

■戦略的環境アセスメント SEA

従来EIAでは，大規模施設の立地場所は既に決められていて，周囲の自然環境への配慮が不適切な場合でも，対応の選択肢がなかった．これに対して，SEAは構想，計画時点で，立地計画を含めて環境への配慮が欠けているものに対して，代替案を実現するために，アセスメントの時期を早めるものである．都市計画を含むほとんどの計画や，その政策を対象に環境アセスメントを行うもので，EUでは2001年に指令により義務化した．

このため，各種計画ごとに「環境レポート」が作成されている．「環境」と「ランドスケープ」は，統合的に取り組む段階に入っている．日本でもSEAの法制度が2011年に導入され，これからに期待される．

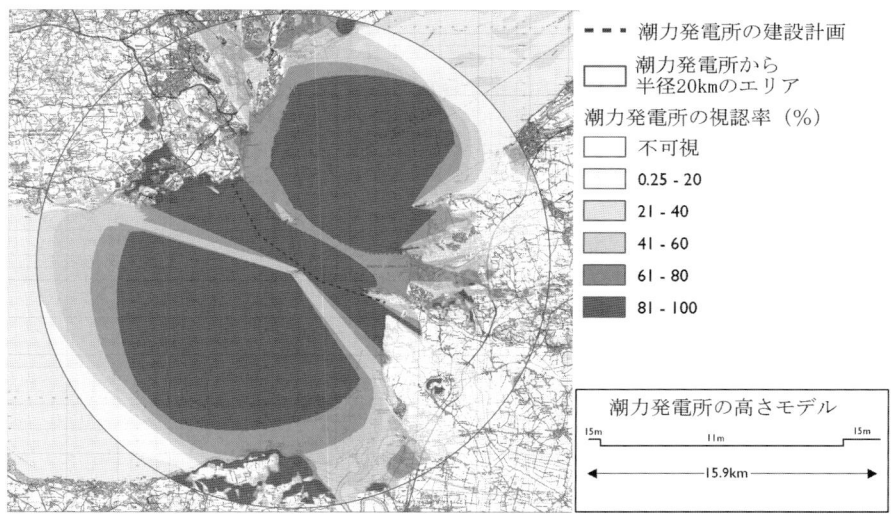

2007年イギリスのブリストル近郊の潮力発電所の建設計画に対する環境影響評価（EIA）におけるランドスケープの影響アセスメントの事例．理論上の可視域（ZTV）の調査が行われている．潮力発電所は図の点線の位置に全長 15.9 km，高さ 11～15 m の堰の形態で想定されているが，半径 50 km 圏と半径 20 km 圏の影響評価が行われており，後者において視認率が 81% を超えていて，影響が大きいことが明確に示されている．出典：文献 29/Credit：LUC on behalf of Natural England.

社会経済面の推計項目		A案	B案	C案	参考案
事業費	合計事業費	○	○	×	参考案
	市費支出費	×	×	×	
事業による経済的便益	購買力増加	△	×	×	基準
	年間販売額増加量	△	×	×	
	固定資産税等税収便益	△	×	×	
	推定建設棟数	△	×	×	
事業による社会的影響と効果		△	△	△	
環境面の推計項目		A案	B案	C案	参考案
廃棄物		△	○	◎	基準
温室効果ガス		△	○	○	
水循環		△	△	○	
大気質		△	○	◎	
騒音		△	△	△	
振動		△	○	○	
動物種		△	△	○	
植物群落		△	○	◎	
動植物の生息・生育基盤		△	△	◎	
景観		×	○	◎	
自然とのふれあい活動の場		○	○	◎	

埼玉県所沢市北秋津地区土地区画整理事業に係る戦略的環境影響評価計画書 SEA の事例（A, B, C 案及び参考案（標準）の社会経済面と環境面の評価と比較，2003 年）．

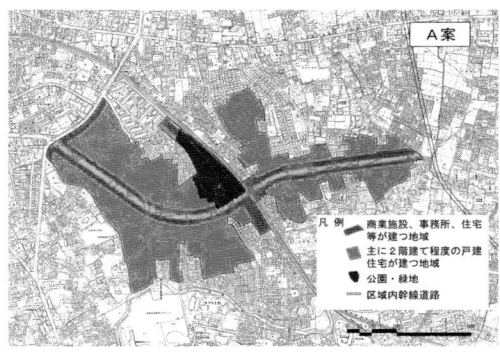

A案：重要な動植物の生息する緑地に限定して保全し，多くの住宅地を生み出す計画．

B案：A案の緑地に加え，公園を配置し，住宅地と緑地のバランスを考慮した計画．

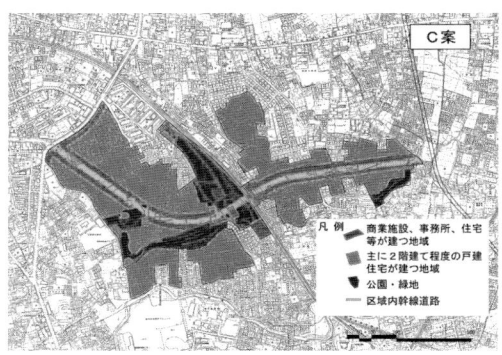

C案：連続性のある樹林を保全することで，最も多くの公園緑地確保を重視した計画．

08 欧州ランドスケープ条約の定義と風景権

■**欧州ランドスケープ条約の風景権**

欧州で風景の人権を初めて明記したのは，2000年の欧州評議会による欧州ランドスケープ条約（European Landscape Convention：ELC，40ヵ国調印，37ヵ国批准）である．条約の前文で「ランドスケープは，個人の健康および社会福祉の鍵となる要素であり，その保護，マネジメント，計画は，すべての人々の権利と責務を伴う」と記した．

■**欧州ランドスケープ条約の定義**

ランドスケープの国際的な定義が重要なのは，ランドスケープの対象を正しく認識し，法的な措置が採れるように各国で定義を共有する点にある．

　第1条a項：「ランドスケープ」は人々によって知覚されるエリアであり，その特性は自然の作用と人間の作用，あるいはそれらの相互作用による結果である．（原文は次頁参照）

この定義の留意点の一つは，「エリア」であるということ．次に，「人々によって知覚される」という点で，人々と場所の関わりに本質的な意味がある．人々とは住民であり，訪問者でもある．人々が土地の特徴を空間的に認識するとき，「視覚」が中心であるとしても，その他の感覚も使う．生活上好ましい環境は，音，におい，といった「感覚」のほかに，記憶や知識を使って，様々に「知覚」されているはずである．

また，上記の定義の後半には，ランドスケープの「特性」が定義されており，自然の作用と人間の作用という言葉が使用されている．具体的には人間の影響が少ない純粋な自然のランドスケープがある一方，人間が人類史上様々な周囲の環境に働きかけてきたため，都市や集落などの人工物のランドスケープとしての結果をもたらしてきた．したがって，文化的な景観とも呼ばれる．

さらに，田園のように人間が作り出した耕地を育てているのは，自然との相互作用であり，都市が風化して，遺跡となるものもまたランドスケープである．したがって，ランドスケープは，自然と人間の絶え間ない相互の働きかけが結果として見えていて，どこから自然で，どこから人工と，分離できない側面を有している．

ここで重要なのは，自然，都市，田園いずれの土地もランドスケープであって，総合的な環境の問題であるという認識である．したがって，このランドスケープというものを計画の対象とするとき，自然環境の保護，歴史文化を有した町並み，田園の保護が重視されている．なぜなら，開発の圧力に対して弱いために，計画しないと，無秩序に変容し，損なうからである．良好な市街地がある一方で，衰退した商業地，荒廃した工業地，汚染した地域もランドスケープであり，これも計画的に再生が必要である．

このようにランドスケープの定義が重要なのは，国土のすべての土地が対象であるという認識をもたらすことだけでなく，分野ごとの縦割り行政によって扱うと，一部のランドスケープ特性だけを対象としてしまうリスクに，警鐘を鳴らしている点である．例えば，開発分野が経済発展をもたらすからといって，その国の自然環境を破壊したり，歴史文化財を消失させると，後世にその文化的証拠を残せないという弊害をもたらす．

したがって，ランドスケープを定義するとき，総合的な環境を捉え，地域性（アイデンティティ）やそのランドスケープに属するコミュニティを活かさなければ意味がない．地域の将来に関わり，個人の好みのレベルの問題ではない．

この定義は，広範囲の政策（文化，農業，環境，都市，社会，経済など），国際レベル，国レベル，地方レベルそれぞれの責任を求めている．

> 欧州ランドスケープ条約 European Landscape Convention(2000年10月20日)
> 第1条 定義 a項原文:
> Article 1－Definitions
> "Landscape" means an area, as perceived by people, whose character is the result of the action and interaction of natural and/or human factors.

イタリア・チンクエテッレ国立公園のランドスケープ（世界遺産）．左側：自然の作用のランドスケープ，右側：人間の作用のランドスケープ．カバーのカラー写真も参照．

イタリア・チンクエテッレ国立公園のランドスケープ（世界遺産）．ブドウの段々畑と石垣は，人間と自然の相互作用のランドスケープである．

1.2 ランドスケープの定義 | 15

09 憲法上のランドスケープの規定と環境権

■憲法上の「ランドスケープ」とは何か

欧州各国の憲法で扱われているランドスケープの捉え方を比較する（表参照）．前述の欧州ランドスケープ条約の司法上の定義により，「自然的要素」と「文化的要素」からなることから，「自然資源」「文化遺産」という用語も，「ランドスケープ」の概念として捉えられる．

また，環境アセスメントとランドスケープの関係（p.12参照）のように，「ランドスケープ」の司法概念が，「環境」の司法概念の一部であることは，環境アセスメント制度の確立（1985年のEU指令）に至る過程で，1980年代の欧州で一般的に普及してきた．このため，1980年代以降の憲法改正で出てくる「環境」の条文も，「ランドスケープ」の司法概念を含むと考えられる．

■ランドスケープを憲法に規定している国々

「ランドスケープ」という用語をそのまま憲法で用いているのは，イタリア（paesaggio），ドイツ（Landschaft），スイス（仏語版paysage, 伊語版paesaggio），マルタ（paesagg），ポルトガル（paisagem）である（表の太枠）．

それらは戦後まもなく制定され，「ランドスケープ」は「国による保護」の対象として，憲法の基本原則，権利，責務として位置づけられている．また，全国土に適用可能である．

戦後最も早い事例は，イタリアの憲法第9条に位置づけられた．その国の原則としての規定として，ランドスケープや芸術遺産に対して，国が保護する責任を義務づけている．日本の憲法第9条と同じくらい重要な位置づけである．

スイス憲法は，4ヵ国語で表示されており，仏語版や伊語版で「ランドスケープ」であるが，独語版や英語版では，「文化遺産」となっている．つまり，スイスにおいてランドスケープと文化遺産は，同じものを指している．

ポルトガルでは，専門家が国会議員として関与し，国土全域で「保護」以外の整備を含めて，都市地域計画と結びつけ，環境権と市民参加を憲法に明確に示している点が注目される．

■「環境権」とランドスケープ

1970年代末以降，「ランドスケープ」を含む「環境」として憲法に位置づける国が出てきている．ギリシャ，ポルトガル，スペイン，トルコ，オランダである．市民の健康や生活環境としての質を確保するための条文として，基本的人権の中に位置づけられているのが特徴である．

1990年代には東欧諸国が民主化を果たし，独自の憲法を定める中で，自国の文化や自然を保護することを明記することは不可欠だった．ブルガリア，マケドニア，ルーマニア，チェコ，スロバキア，アゼルバイジャン，グルジア，アルメニア，ポーランドが，自国の自然環境保護を憲法に規定している．

中でも環境意識が醸成し，一歩進めて市民の「環境権」を認める規定が憲法にあるのが，ポルトガル，スペイン，トルコ，ブルガリア，ルーマニア，スロバキア，ベルギーである．さらに，スロバキアの憲法では，「環境に関する完全な情報を随時知る権利」が記されている．これは例えば，原発事故のような重大な環境汚染の状況を企業や国に隠蔽させないような，市民が迅速に知る権利を憲法に規定している点で，興味深く，重要な規定と見るべきである．日本の憲法には，基本的人権として「環境権」が規定されていない．アルメニアの憲法のように，環境のために個人の財産権を制限する規定も興味深い．日本でも憲法のいう「公共の福祉」とは何か，個人の財産権よりも重要なものがあるのではないか，今一度考える必要がある．

国名	憲法の条項と位置づけ	ランドスケープ（環境，自然資源，文化遺産を含む）の憲法上の条文規定
イタリア	憲法，基本原則，第9条（1947年）	(1) 共和国は，文化の発展及び科学技術的研究を支援する．(2) 共和国は，国のランドスケープ及び歴史的芸術的遺産を保護する．
ドイツ	憲法，連邦法の権限，第75条（1949年）	(1) 連邦政府は第72条の下で，次の事項について法律を定める権利を有する．（中略）3. 狩猟制度，自然保護およびランドスケープのマネジメント（後略）
	基本法，連邦法の権限，第74条（1990年改正）	(1) 現在の立法権限は，次の事項をカバーする；（中略）ff. 自然とランドスケープの保存（後略）
スイス	憲法，第24条E項自然の保護（1962年改正）→現在の憲法の第78条自然とランドスケープの保護（1999年改正）	(1) 自然及びランドスケープの保護は，州の管轄である．(2) 連邦政府は，その義務を果たす上で，ランドスケープ，地域性，歴史的場所，自然及び文化的記念物の特性を保全する．また，総合的な利益が認められる場合，それらに手を付けずに置いておかねばならない．(3) 連邦政府は，補助金を付与することにより，自然及びランドスケープを守るための努力を支援する．また，国の重要な自然保護区，史跡，記念物を契約又は取用によって，取得あるいは保存することができる．（中略）(5) 特別な美しさを有する国の重要な原野及び湿地帯は，保護される．（後略）
	憲法，第104条農業（1999年改正）	連邦政府は，持続可能でエコロジカルな，かつ，市場指向の生産を通じて，次の事項で効果的に貢献する．（中略）b. 広域の生命力ある自然とルーラル・ランドスケープの保存（後略）
マルタ	憲法，原則，第9条（1964年）	国は，国民のランドスケープと歴史的及び芸術的遺産を保護する．
ギリシャ	憲法，個人と社会の権利，第24条（1975年改正）	(1) 自然及び文化的環境の保護は，国の義務に相当する．国は，環境保全のために特別の予防又は抑制手段を採用する義務がある．（後略）
ポルトガル	憲法，第3部経済的，社会的，文化的権利と義務，第2章社会的権利と義務，第66条環境と生活の質(1),(2)b), c) (1976年改正)	(1) すべての人は，健康と生態系とバランスが取れた人間環境の権利を有するとともに，それを守る義務を有する．(2) 次のことは，国の責務であり，国民のイニシアティブに依拠しつつ支援する．a) 汚染とその影響，有害な形態の防止とコントロール．b) 諸活動の適切な場所とバランスの取れた社会と経済の発展の遂行，生物的にバランスの取れたランドスケープの結果を得るための広域計画を管理し，推進すること．c) 自然保護，公園，レクリエーション・エリアを創造し，発展させ，自然保全，歴史的又は芸術的文化財の保存を保証するために，ランドスケープとサイトを分類し，保護する．d) 回復と生態学的安定性のためのキャパシティを保護しながら，自然資源の合理的な利用を推進すること．
	憲法，第66条（2005年改正）	(1) 同上．(2) 持続可能な発展の全体フレームワークを含む環境のための権利を保障するため，国は，適切な機関と共に，市民の参加を含めて，次のことに責任を有する．（中略）b) 社会経済発展とランドスケープの向上とのバランスを図り，地域にとって正しい活動の視野を持って，都市地域計画を導き，推進する．（中略）g) 環境教育と環境価値，環境財の尊重（後略）
スペイン	憲法，経済と社会の政策的原則，第45条（1978年改正）	(1) すべての人は，環境を保存する義務を有するとともに，人間の発展のために適した環境を享受する権利を有する．(2) 公共機関は，不可欠な連帯意識によって，生活の質を保護し，改善するとともに，環境を保存し，回復する視点から，すべての自然資源の合理的な利用を監視する．（後略）
トルコ	憲法，第56条健康サービスと環境の保全（1982）	すべての人は，健康でバランスの取れた環境で生きる権利がある．国と市民は，自然環境を改善し，環境汚染を防ぐ義務がある．
オランダ	憲法，基本的権利，第21条環境（1983年改正）	国土を住むに足るものにし，環境を保護し，改善することは，国の義務である．
ブルガリア	憲法，基本原則，第15条（1990年改正）	ブルガリア共和国は，環境の保護と再生，多様なすべての生きている自然の保全，国の自然とその他の資源の賢明な利用を保証する．
	憲法，市民の基本的権利と義務，第55条	すべての人は，基準や規則に関係する，健康で好ましい環境の権利を有する．すべての人は，環境を保護しなければならない．
マケドニア	憲法，基本規定，第8条（1991年）	(1) マケドニア共和国の憲法における基本的な価値を位置づけるものとして，次のものがある．（中略）i) 良好な人間環境，生態系の保護と発展を推進する都市及び田園計画，（後略）
ルーマニア	憲法，第33条第3項（1991年）	国は，精神的なアイデンティティを保全し，国の文化の支援，芸術の促進，文化遺産の保護と保全，現代的な創造性の開発，ルーマニアの文化的，芸術的価値を推進する．
	憲法，第35条第1項（1991年）	国は，すべての人の健康の権利と共に，よく保護され，バランスを図った環境の権利を認める．
チェコ	憲法，第7条自然資源（1992年）	国は自然資源の慎重な利用と自然財の保護に注意を払う．
スロバキア	憲法，第6部環境と文化遺産の保護と権利，第44条（1992年）	(1) すべての人は，良好な環境及び文化遺産を保護し，高める義務を有する．(2) いずれの人も，法の制限を超えて，環境，自然資源，文化遺産を危険にさらし，傷つけることはできない．(4) 国は，自然資源の経済的な利用，生態的バランス，効果的な環境配慮の責任を有する．
	憲法，第45条（1992年）	すべての人は，環境の状況，その理由，それによってもたらされる結果に関する随時完全な情報を得る権利を有する．
アンドラ	憲法，第4部権利と経済的，社会的，文化的原則，第31条（1993年）	国は，適切な生活の質を保証し，次世代のために，土着の植物相及び動物相を保護し，大気，水及び土地に関して分別のある生態系バランスを回復及び維持する目的から，土地と自然資源すべての合理的な利用を確かなものとする責務がある．
	憲法，第34条（1993年）	国は，アンドラの歴史的，文化的，芸術的遺産の保存，推進，普及を保証する．（ランドスケープは，文化遺産の一部と考えられている．）
ベルギー	憲法，ベルギー人とその権利，第23条尊厳（1993年改正）	（中略）(iv) 健康的な環境の保護を享受する権利，(v) 文化的及び社会的達成を享受する権利
アゼルバイジャン	憲法，国の基本，第16条（1995年改正）	（前略）第2項：国は，文化，教育，公衆衛生，科学，芸術の発展に参画し，環境，人々の歴史的，物質的，精神的遺産を保護する．
グルジア	憲法，基本規定，第3条（1995年）	国は，次の排他的権限を有する．（中略）i. 環境保護のシステム，（後略）r. 土地，鉱物，自然資源に関する法律
アルメニア	憲法，基本規定，第8条（1995年）	（前略）財産権は，環境に被害をもたらして行使することはできない．（後略）
	憲法，第10条（1995年）	国は，環境の保護と再生，自然資源の合理的利用を保証する．
	憲法，第11条（1995年）	歴史的，文化的モニュメント，その他の文化的価値は，国の保護下にある．（後略）
ポーランド	憲法，第5条共和国（1997年）	ポーランド共和国は，国土の独立と完全性を守り，国民の自由と権利，市民の安全，国の文化遺産の保護を保障し，持続可能な発展の原則に従って，自然環境の保護を保証する．

欧州20ヵ国の憲法に規定された「ランドスケープ」に関わる条文一覧（制定年順の表記）．詳細は文献32.

10　法律上のランドスケープの定義

■各国の法律上の「ランドスケープ」の定義

2000年の欧州ランドスケープ条約（ELC：p.14を参照）の締結によって，ランドスケープの定義が普及している．ELCのランドスケープの定義は，法律の適用範囲を定めるもので，ランドスケープ行政を推進するうえで鍵となる．

2004年以降に批准したブルガリア，イタリア，スペイン，スロベニア，チェコ，マケドニアといった国々は，本格的にランドスケープのための国内法を整備した．その法律の中で，「ランドスケープ」の捉え方を見直し，ELCの定義のように「自然」と「人間」のすべての作用の「総合的」な捉え方に移行し，ELC成立以前と大きく変化した．

現在までに，ELCを調印した国は，条約実施のため「ELCのランドスケープ」の定義をそのまま国内法に適用した3ヵ国と，新たに法律を準備して独自の言葉で「ランドスケープ」の定義をした7ヵ国の合計10ヵ国で，司法上の政府対応がなされた．条約調印以前から同等ないしは部分的に「ランドスケープ」を定義していた12ヵ国を加えると，法律上のランドスケープの定義がある国は22ヵ国に及んでいる．

■定義の特徴

「ランドスケープ」の定義が新たに導入された国の法律に着目すると，ELCの定義をそのまま使用する事例も多いが，国によって特徴も見られる（表参照）．

例えば，ポルトガルの「生態学」，イタリアの「アイデンティティ」，チェコの「空間計画」，スロベニアの「物的な空間の一部」，イギリスの「人々と場所の間の関わり」「人々は「土地（land）」を知覚する際に「ランドスケープ（landscape）」の概念に転化させる」といったELCの定義以外の意味を定義に加えている．

■法律を活かした取り組み状況

例えば，2004年にイタリアが抜本的に改革する法律（ウルバーニ法典）を公布し，従来国土の約半分にランドスケープ保護規制を加えていたのに対し，国土全域にその対象を拡大した．このとき，都市部や工業系の悪化した地域を含む，すべての国土にランドスケープ・プランを策定するように法律で義務づけることとなった．このように，欧州ランドスケープ条約の効果を具体化すべく，国内法の整備が進んだことで，ランドスケープ・プランニングに革新をもたらす成果を見せている．

一方，2006年に批准したイギリスでは，国内法は整備されていないものの，国はガイダンスを発行して，実質的に条約の実施体制を作り出している．イギリスのランドスケープの定義は，より学際的な定義を反映しているように見受けられる．その効果もあってか，特に，省庁を横断する連携が見られ，環境・食糧・農村地域省（Defra），自然庁（Natural England），文化庁（English Heritage），森林委員会（Forestry Commission）の政府部局間の協力による対応が見られる．

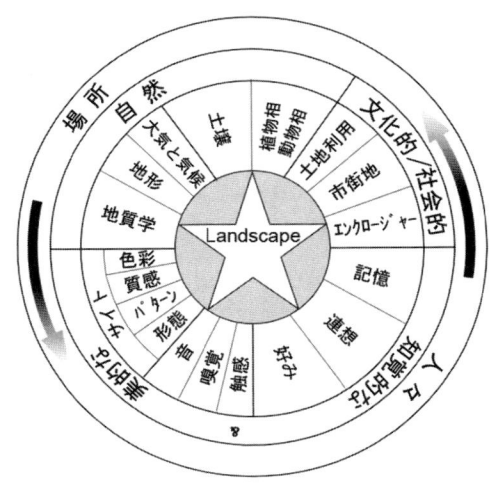

イギリスのランドスケープの定義ダイヤグラム．出典：LCA．

国名	州名	ELC批准（年）	法律名など	ランドスケープの司法上の定義
スロベニア		2003	Spacial Planning Law（2007）	ランドスケープとは，物的な空間の一部であり，自然の構成要素の優勢な存在によって特徴付けられており，自然と人間の活動の相互作用と影響を受けた結果である．
			Culture Heritage Law（2007）	保護地域としての文化的景観の構造，開発及び機能は，人間の介入と活動によって定められる．（文化的景観を含む）文化遺産は，人間の創造力，社会的発展及び出来事の結果としてのエリア，複合物及び残された有形の仕事として定義され，その保護は，歴史的，文化的，文明的重要性から，公共の利益である．
			Nature Conservation Law（2004）	ランドスケープとは，生きている自然，生きていない自然，及び人々の活動の特性による結果としてのランドスケープ要素の具体的な分布を有する，明確な自然空間の一部である．
マケドニア旧ユーゴスラビア		2003	Nature Protection Law No. 67（2004）	ランドスケープとは，生態系に相互依存するタイプのモザイク特性から成るトポグラフィー上，定義されるテリトリーを意味し，それは特定の人間活動に影響を受けやすい，あるいは過去に影響を受けたものである．ランドスケープの発展は，自然の影響，人間の影響，あるいは両者の結合作用の下にある．
			Cultural Heritage Protection Law No. 20（2004）	文化的ランドスケープとは，ランドスケープのある一部を意味し，それは人間と自然の特定の相互作用としてのエリアとして区分される．（後略）
ベルギー	ワロン州	2004	CWATUP 州法（2011）	ELCのランドスケープの定義を採用
	フランデレン州		Flemish 州 Decree（1996）	ランドスケープとは，あまり建造物が無い，ある特定の地表面であり，その現れているもののつながりや形態は，自然のプロセスと社会的開発の結果である．
ブルガリア		2004	Bulgarian Environmental Protection Law（2002）	「ランドスケープ」とはエリアであり，自然要素及び／又は人間の要素の相互作用の結果として表れる特別な側面や構成要素に関係している．
チェコ		2004	Nature and Landscape Protection Law No. 114（1992）	ランドスケープとは，機能的に相互に結びついたエコシステムと文明要素から成り立っている特徴的な地表面の一部である．
			Spatial Planning Law No. 183（2006）	公共の利益の名の下，自然，文化及び，都市，建築，考古学遺産を含むテリトリーの文明価値の空間計画による保護と開発は，同時にそのランドスケープを，住民の生活環境の本質的な構成要素として，又，それらのアイデンティティの基礎として保護しなければならない．
ポルトガル		2005	Environmental Law No. 11（1987）	ランドスケープとは，地理学的，生態学的，美的ユニットであるとともに，人間の活動と自然のプロセスによる結果であり，その活動が最小の時にはプリミティブであり，人間の行動が決定的な時には現実的であるとともに，生物学的均衡，物的安定，生態学的動態として見なされる．
スロバキア		2005	Spatial Planning and Construction Order Law No. 50（1976）	ELCのランドスケープの定義を検討中．
イタリア		2006	Cultural Heritage and Landscape Code（2008）	(1) ランドスケープとは，自然の作用，人間の作用，自然と人間の相互作用に由来する特徴から成り，それらのアイデンティティを豊かに表すテリトリーを意味する．(2) 本法典は，上述のような特性を有しているランドスケープを保護する，このようなランドスケープは，国のアイデンティティを構成する素材であり，かつ，視認できるもので，文化的な価値を表している．
ルクセンブルグ		2006	Law on approval of ELC（2006）	ELCのランドスケープの定義を採用
キプロス		2006	Law no. 4（III）（2006）	ELCのランドスケープの定義を採用
ウクライナ		2006	Law no. 1989-III（2000）	ランドスケープとは，発生起源から見て同質及び同形的な地域の本質的な状況とともに，自然とテリトリーの複合化したものであり，地質学的環境，起伏，水文地質学的事象，土地，生物群集の構成要素間の相互作用の結果として発展したものである．
イギリス		2006	Landscape Character Assessment Guidance（2002）	ランドスケープとは，人々と場所との間の関わりである．（中略）ランドスケープは，自然的なもの（地質，土壌，気候，植物，動物の影響によるもの）と文化的なもの（歴史的及び現代的な土地利用，都市施設，エンクロージャー，その他人間による介入）の両者の異なる環境と両者の相互の影響を受けた結果であり，私たちによって感じ取られるものである．人々は「土地（land）」を知覚する際に「ランドスケープ（landscape）」の概念に転化させる．
スペイン	バレンシア州	2007	Valencia Regional Landscape Protection Law（2004）	ELCのランドスケープの定義を採用
	カタローニャ州		Catalunya Regional Landscape Law（2005）	本法律が有効なランドスケープは，集団で知覚される，テリトリーの一部であり，自然要因及び人間の要因の作用及びその相互関係の作用による結果である．
	ガリシア州		Galicia Regional Landscape Protection Law（2008）	風景とは，住民が知覚するテリトリーの一部であり，自然要因と人間の要因の作用及び相互作用の特性もしくは結果である．
ハンガリー		2007	Law No. LIII. of 1996 on Nature Conservation, 第6条（1）	ランドスケープとは，自然の力と人間の環境要素が共存し，相互に作用している場所で，人間の文化の特徴と総合化した特定の構造，特性，明確な自然価値，自然体系を有する地表面の部分的な領域を意味する．
ラトビア		2007	Environmental Protection Law（2007）	ランドスケープは，環境情報の一つの要素である．
			Territorial Planning Law	ランドスケープは，保護のためのプランニングプロセスの責務の一つ．
			Cultural Monuments and Cultural Landscapes Preservation Law	文化的ランドスケープは，文化的遺産全体の一部である．
モンテネグロ		2009	Environmental Law（1996）	本法律の環境は，大気，土壌，水，海，植物相，動物相のような周囲の自然と，気候，放射線，騒音，振動のような現象と影響，さらに，町，その他の都市施設，文化的，歴史的遺産，インフラ，産業，その他の施設といった周囲の人間環境を意味する．
ギリシャ		2010	Environmental Protection Law（1986）	ランドスケープとは，生物的作用及び非生物的作用及び環境に関わる要素のすべての動態である．
グルジア		2010	Environmental Protection Law（1996）	「環境」とは，周囲の自然と人間（文化的環境）によって修正された環境の全体であり，相互に関係する生命，非生命，保存する要素，人間によって手が加えられた自然要素，自然のランドスケープ，人間のランドスケープを含む．
セルビア		2011	Environment Protection Law（2004）	環境は，自然及び人間による一連の価値であり，大気や生活状況のように，環境を構成する複合的で相互の価値である．
マルタ		(2000)	Emvironmental Impact Regulations（2001）	ランドスケープとは，環境の特性，パターン，形態，構造であり，地理学的に特別なエリア，生態学的構成，物的な環境，地理学的同一性，palaeontology，地質学，人類学，社会的パターンの特性，パターン，形態，構造を含むものである．
ボスニア・ヘルツェゴビナ		(2010)	Environmental Protection Law（2003）	環境は，環境の構成要素，いくつかのシステム，プロセス，環境の構造である．
アンドラ		(2011)	Cultural Heritage Protection Law No. 9（2003）	文化的ランドスケープとは，美的，歴史的又は文化的価値によってユニットを形成する人間と自然共同作用である．

「ランドスケープ」を法律に定義している欧州22ヵ国の条文一覧（欧州ランドスケープ条約ELCの批准年順の表記，カッコ書きは調印年を意味する．イギリスは法律ではなく，政府ガイダンスによる定義である）．詳細は文献32.

11　日本のランドスケープの定義

■日本の定義

　欧州のランドスケープの定義と比較して，日本において法律で取り上げられている「景観」とは，個々のデザインに限られていて，ランドスケープ本来の概念や地域の共有財産として認識されていない．景観法（2004年制定）においても，一般的な景観の定義はない．

　そこで，政府の作成した景観法の適用概念図（図参照）から法の意図を想像すると，景観法は景観計画，景観地区のエリア内で，建築物や工作物を対象とした規制のルールである．したがって，景観法のいう景観とは人工物を対象にしており，前述の海外の法律と異なる．また，景観とは何かについては明確ではない．日本では専門家も含めて，景観の認識は個々に異なっている状況で，国際的に共通の認識が現在必要である．

■文化的景観の定義

　一方，文化財としての景観に限定すると，日本では「文化的景観」の定義（文化財保護法2004年改正）が存在する．

　　第2条第1項第5号：地域における人々の生活又は生業及び当該地域の風土により形成された景観地で我が国民の生活又は生業の理解のため欠くことのできないもの

　この定義の留意点の一つは，生活者の視点に立った歴史文化を保護する目的があり，「（文化的景観とは，）地域における人々の生活又は生業（なりわい）」とある．「人々の生活又は生業」に基づく定義により，生活そのものが景観を構成し，地域の人々の仕事（生業）によって生み出される構築物や緑地（たとえば，棚田や植林）といった景観に，歴史上の積み重ねが評価される．

　一方，海外の文化的景観の定義では，人々の暮らしを支える宗教信仰上重視した聖地など，人々がほとんど自然に手を加えていない場合でも，人々の見立てによっても文化的な価値が付与される．そのほかに，歴史的な土地利用，考古学遺跡などの総合環境も，文化的景観といわれている．

■重要文化的景観の基準

　日本の文化財保護法では，自治体が保存を意図した文化的景観のうち，特に重要で国が保護するものを選定した場合，「重要文化的景観」と呼ぶ．国の選定には，文部科学省告示（2005年）で，基準が次のように定めている（図参照）．

　1．地域における人々の生活又は生業及び当該地域の風土により形成された次に掲げる景観地のうち我が国民の基盤的生活又は生業の特色を示すもので典型的なもの又は独特のもの

　（1）水田・畑地などの農耕に関する景観地

　（2）茅野・牧野などの採草・放牧に関する景観地

　（3）用材林・防災林などの森林の利用に関する景観地

　（4）養殖いかだ・海苔ひびなどの漁ろうに関する景観地

　（5）ため池・水路・港などの水の利用に関する景観地

　（6）鉱山・採石場・工場群などの採掘・製造に関する景観地

　（7）道・広場などの流通・往来に関する景観地

　（8）垣根・屋敷林などの居住に関する景観地

　2．前項各号に掲げるものが複合した景観地

　以上の基準からも，文化的景観とは，様々な職業に応じてつくられてきた地域の特性であって，生活に密着した景観であることがわかる．

　こうした環境を保護することは，地域性や地域の将来の継承に関わり，日本文化を認識するうえで重要なものの見方を養うものである．

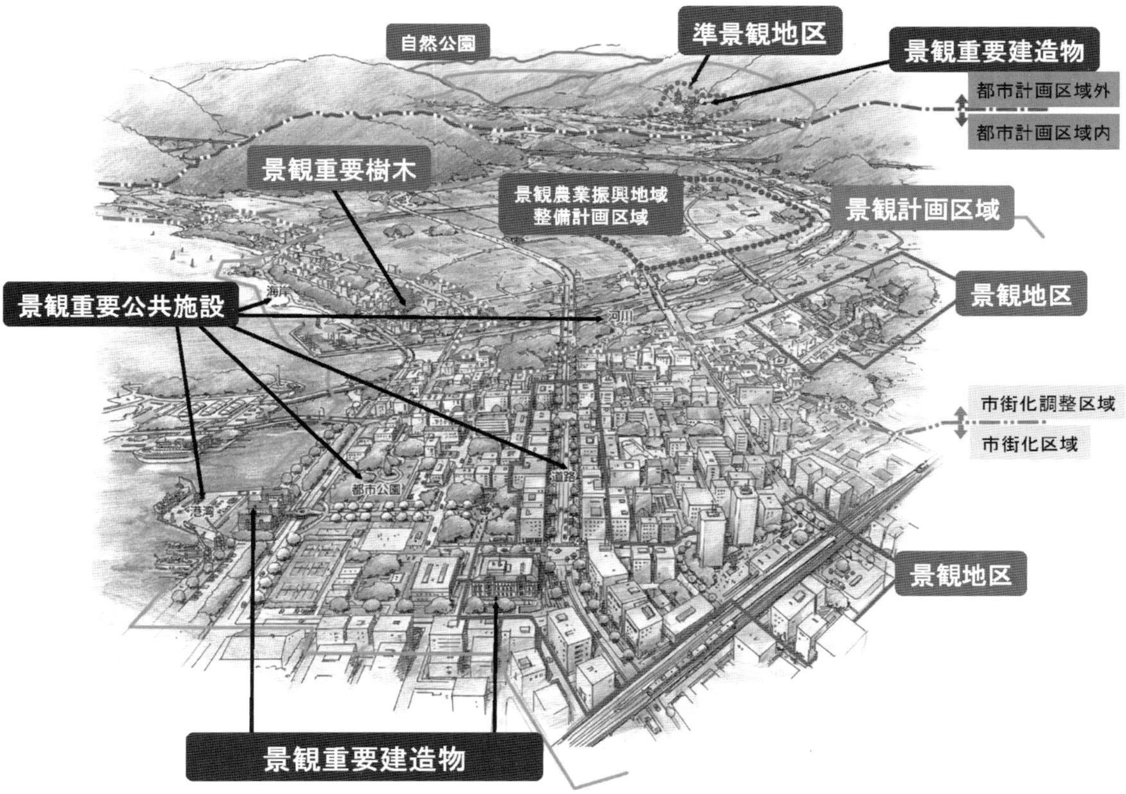

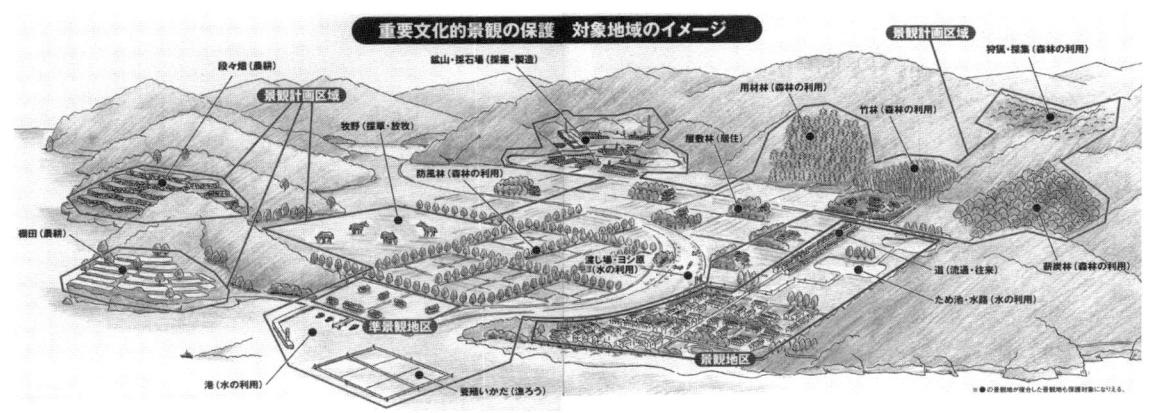

景観法の対象地域のイメージ．出典：国土交通省．

重要文化的景観保護の対象地域のイメージ．出典：文化庁．

1.2 ランドスケープの定義

12 水とランドスケープ
広松伝と柳川

■堀割埋め立ての異議申し立て

広松伝（1937-2004）は，柳川市職員の下水路係長の頃より，環境悪化が進んでいた水郷柳川のシンボル「堀割」の浄化運動に取り組み，堀割の再生を果たした人物である．

1977年，国，福岡県，柳川市による堀割の埋め立て計画が進められていた．しかし，係長だった広松が「堀割をなくしてはならない」と市長に直談判し，国や県の埋め立て計画の中止を求めた．

当時の堀の水質は，高度経済成長期に水道の普及と家庭生活排水によって悪化していた．昔は飲み水にも使用していた堀割の水であるが，一旦上水道が普及すると，ゴミの投棄やヘドロ化により，ホテイアオイという水草が大発生し，船が通れなくなったり，悪臭のもととなったりしていた．水辺には蚊やハエが多く，「ブーン蚊都市」と呼ばれ，堀がドブといわれる状況になっていた．これに蓋をかけて暗渠化することは，当時市民も望んだことであり，堀割を下水管に見立てる計画だった．

しかし，埋め立てれば水中の生物や水辺の緑に集まる野鳥だけでなく，柳川らしさを失ってしまう．広松係長は危機感をもって，市長の了解のもと，堀割のあらゆる役割を見直し，堀割を残すための万民を納得させる「河川浄化計画」を6ヵ月の短期間に立案した．堀割を汚した本人である市民との懇談会を100回以上開いて説得した．

■広松伝のビジョン

広松の将来ビジョンは，堀割のある柳川であり，国，県，市行政，市民ともに埋め立てを計画していた段階で，市内部から思い留まらせるという難しい状況での行動だった．

広松が語ることに，「市民にかつて美しかった堀を思い起こしてもらい，できることならその頃に戻そう」というのが，彼の思いであった．「朝起きたらまずバケツをもって裏の汲み場に出て，飲料水をハンドガメに汲みおいて，そのあと顔を洗って毎日の暮らしがあった」「堀割をなくせば，地下水が細って地盤が沈む．増水したときには水を逃すこともできず，柳川は沈んでしまう」と危惧した．

もしも，市民に美しかった頃の堀割の記憶がなかったならば，戻すことはできなかったに違いない．堀割は柳川の命であり，失ってはならないアイデンティティであることを，危機的な状況になって改めて市や市民が自覚した．

これを契機に，市民挙げての浄化運動が始まった．「堀割を汚した市民が自らの手で再生することによって，再び汚す気にならなくなる．他人の手に頼っていてはダメ」というのが，率先して自らが動く，広松の信念であった．

日本各地の歴史的なまちづくりの手法であった堀割は，高度成長期，埋め立てて自動車用道路となっていく運命であった．しかし，そうした状況下にあっても，柳川を愛し，柳川の堀割を市職員自ら守り通した事例は，希に見る日本人のリーダーとしてのビジョンと行動であった．

■映画『柳川堀割物語』

スタジオジブリは，この実話をドキュメンタリーで残すことを決め，撮影は1984〜1985年に行われた．脚本・監督に高畑勲，製作は宮崎駿で，柳川の歴史，町の構造，人と水の関わりを丹念に描き，当時の人間の営みの豊かさがうかがえる．ジブリの一連のアニメーション作品に通じるランドスケープの魅力が見られる．現在は，DVDで販売されており，この実話からランドスケープを活かしたまちづくりのあるべき姿を直接学ぶことができる．

『柳川堀割物語』スタジオジブリの映画DVD表紙．広松伝の思いを伝える高畑勲監督，宮崎駿制作の貴重な作品．水路網全体の価値や広松が市民と再生に取り組んだすごさが際立つ．

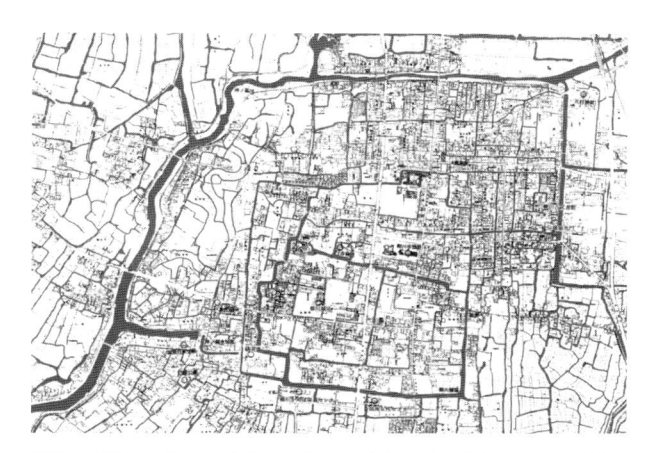

柳川の堀割の発達した様子（一部）．中心市街地のみならず，広く農地に及ぶ水のネットワーク網は，世界に通用する日本を代表する景観資源である．しかし，水路全体の価値としては理解されておらず，景観計画に位置づけられていない（下図参照）．

柳川の堀割に面した遊歩道（手前）に柵はない．船着き場の機能をもつ．住宅は水辺に顔を向けて，暮らしと水辺の一体的な関係がランドスケープに表れている．中には，川をはさんで住宅の向かいの敷地に庭があり，水辺が一体化したデザインも見られる．

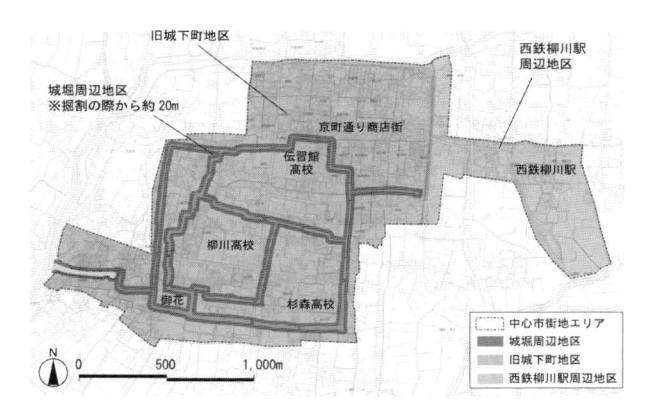

2012年に策定された柳川市景観計画の景観重点地区の範囲と，重要景観公共施設に位置づけられた堀割．堀割の際から約20mで建物の高さ10m未満の規制，それ以外で高さ16m未満の規制がある点は評価されるが，広松伝が尽力していた生活に直結した細やかな水路網が際立っていない．柳川のすごさが十分伝わってこない．出典：文献33．

柳川出身の詩人北原白秋は，「柳河は城を三めぐり七めぐり水めぐらしぬ咲く花蓮（ハナハチス）」と歌う．花蓮は，水辺に咲くハスの花．16世紀に水城とともに建造された柳川の堀に石組は少なく，土手にクスノキ，ムクノキ，エノキ，ハゼなどが生い茂っている．現代の町中で貴重な緑の帯を形成している．この水辺に暮らす様々な生き物の環境も重要で，生活や観光のためだけのランドスケープ資源ではない．家の裏側まで細やかな水路が巡っている．1970年代以降，下水係長だった広松伝は，市長や市民を説得し，一つ一つ堀を再生していった．これに対し，河川のコンクリート護岸改修を推進していた県は，目くじらを立てた．広松がいなければ今の柳川はない．

1.3　ランドスケープを支える人々のビジョン　|　23

13 スローフード・スローシティ
カルロ・ペトリーニ

■カルロ・ペトリーニ（1949-）

カルロ・ペトリーニ（Carlo Petrini）は，イタリアで「スローフード」の運動を発案した社会運動家である．きっかけは，1986年にマクドナルドがローマに進出したことから，地元料理を守るデモ運動を推進したことに始まる．その後，食に対する危機感を抱き，「ファーストフード」に対抗する言葉として，「スローフード」という言葉を作り出し，1989年に人口3万人のブラ市にスローフード協会を設立した．

大量生産により世界中同じ食事になることを憂い，地域の豊かな食文化を守ることをコンセプトに，地域の特産品や料理を守ることを奨励した．スローフードには，ゆっくりと食事を取って豊かに暮らす，というビジョンがある．この意味から，スローフード協会のロゴマークは，かたつむりである．

■スローフード運動の3つのコンセプト

スロフード運動の第一のコンセプトは，Buono（おいしい）である．まず，幸せ，食べる喜びはすばらしいことであり，それを追求するということである．そのためには，食材を選び，手間暇をかけてつくることを大切にするというものである．

第二のコンセプトは，Pulito（きれい）である．食材がどのようにつくられているかに注意を払うというもので，環境にやさしい，環境を破壊しない方法でつくられていることを確かめるものである．地球環境問題の一つが食料生産であることに気がつき，過剰な生産と消費行為に警鐘を鳴らしている．環境問題に対して人々が無知なのが問題であり，伝統的な生産方法を見直すことを勧めている．

第三のコンセプトは，Giusto（正しい）で，食べ物をつくる生産者がきちんと評価されることに留意している．特に発展途上国から輸入されれる安い食材の多くで，生産者に十分な報酬を得られず，奴隷のように扱われている現状を社会的に問題視している．

■スローフード協会の活動

ペトリーニの活動は，国際的に幅広く多岐にわたる．1) 絶滅危惧食品の指定（世界で900種類以上），2) 優良な食材を生産している地方の生産者を支援するための組合の設立の支援，3) 生産者のネットワークを強化する世界生産者会議の開催（世界54ヵ国300余りの組合設立），4) 伝統的な郷土料理を紹介する本の出版，5) スローフード教育（小学校での食と産地の教育，賢い消費者の育成），6) 病院でのスローフードの導入，7) 食科学大学の設立（2004年ブラ市にて世界唯一の食の総合大学を創設），8) スローシティ運動など，それぞれの分野で展開されている．日本にもスローフード協会の支部がある．

■スローフードとスローシティ

伝統の食を守ることは，健康のみならず，都市の周囲に広がる田園のランドスケープを守ることにつながっている．食材を安価な海外に頼れば，その輸送過程で環境を汚染し，地元の農地を衰退させる．ペトリーニは，食文化は多様なもので，何世紀も継承されてきた地域のアイデンティティであると強調する．彼は地域のランドスケープの重要性に気がつき，自然や周囲と調和した人々の幸せをビジョンとした取り組みを始めた．

ペトリーニは，そのまちづくりをスローシティと呼んでブラ市で実践している．人々が豊かにゆっくりと暮らすことをビジョンとする，郊外大規模商業施設を規制し，中心商店街を支援し，環境に優しい公共交通を重視するまちづくりである．

ブラ市を拠点に，1989年スローフード協会を設立したカルロ・ペトリーニ．Credit：Slow Food.

スローフード協会の本部が位置するブラ市は，美しいランドスケープを維持している．

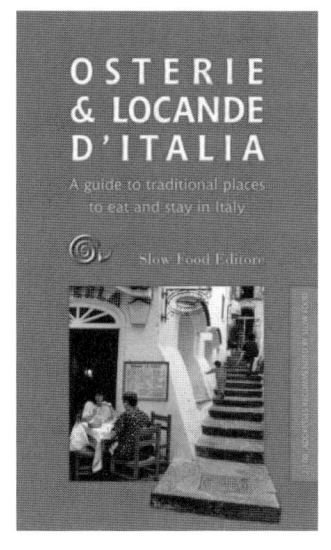

スローフード協会が発行しているレストランガイドは，伝統的な料理を提供しているお店を紹介したベストセラーとなっている．

スローフードの学校教育パンフレットから，「食は地域の資源」「コミュニティの成長，収穫，準備，食を分かち合う」．Credit：Slow Food, http://www.slowfood.com/.

2004年ブラ市にて，スローフードの理念を教育するため，食科学大学が創設された．世界唯一の食の総合大学で，世界中から学生が集まっている．Credit：Università degli Studi di Scienze Gastronomiche, www.unisg.it/.

1.3　ランドスケープを支える人々のビジョン | 25

14 人々のアクティビティ
ヤン・ゲール

■ヤン・ゲール（1936-）

ヤン・ゲール（Jan Gehl）は，デンマークの建築家で，都市生活を豊かにするための都市クオリティ・コンサルティングを世界中で行ってきた．特に，街を活気づけるために必要な建築と建築の間のアクティビティを重視し，歩行空間の整備，自転車利用を促進している．

この研究を始めたきっかけは，心理学者の夫人とのディスカッションであったという．「なぜ，建築家は，人間性に注意を払わないのか」という問いであった．1960年代，モダニズムが非人間的になってしまった時代に，基本的な考え方に立ち返って，2人は社会学，心理学，建築学，計画学の領域を超えて研究を始めたという．

事実，建築家はハードが中心で，人々について研究する訓練がされていなかった．都市で人々を幸せにする方法を誰も答えられなかった．

■屋外アクティビティの研究

最初にゲールが出版した本は，『建物のあいだのアクティビティ』（1971, 2006年改訂）である．質の悪い街路と都市空間では，最低限の活動しか起こらない一方，すぐれた環境の下では全く異なり，人々の幅広い活動が可能となる．こうした活動の性質を捉えるために，本の最初に，屋外の活動特性が「必要活動」「任意活動」「社会活動」の3タイプに定義されている．

1）必要活動：学校や仕事，買い物に行くなど，物的背景によらず義務的な活動をいう．

2）任意活動：散歩する，立ち止まるなど，そうしたい気持ちがあり，時間と場所が許すときに参加する活動をいう．これは，屋外の物的条件に大きく左右される．

3）社会活動：子供たちの遊び，あいさつと会話，コミュニティ活動だけでなく，他の人々を眺めることや耳を傾けるというふれあいをいう．あらゆる場所で行われるが，特に誰もが入れる公共空間での社会活動にこの本は注目している．

英語に翻訳された1980年代後半，ようやく彼の人間生活第一の主張が国際的に認識されるようになった．その要因は，従来からの都市，車社会に対する現代人の疲れからであると，彼は分析している．和訳本は文献35を参照．

■コペンハーゲンでの実践

コペンハーゲンでは，彼のアドバイスで1962年から自動車を街中から追い出す実験を始めた．当初は北欧に屋外活動の伝統がなく，街路が寂れると批評されたが，実際にはにぎわいをもたらした（右上図参照）．また，一般の人の37％が，自転車で通勤するようになった．自転車も，街にとって親しみやすく，活気をもたらすことを強調した．自転車は自動車に比べて安全性が高く，排気ガスもない．自転車は人々の健康にも良い，持続可能な都市にふさわしい乗り物である．

■世界展開される歩行者と自転車のまちづくり

これまでプランナーは，交通工学者とともに自動車に対応した道路整備のまちづくりを行い，結果，中心市街地を衰退させた．近年その反省から，公共空間の整備の重要性が再認識されている．例えば，ゲールは，コペンハーゲンで実施した理論を，ニューヨークの中心市街地タイムズスクエアなどで実践する機会を得た．あの有名な広場の一部は自動車から，歩行者や自転車のための空間へと奪い返した．ロンドンでもいくつかの道路の改修を手がけている．それらの功績から，ニューヨーク市賞やシビック・トラスト賞を受賞している．

デンマークの建築家ヤン・ゲール．Credit：Gehl Architects.

車の流入を規制し，広場はコペンハーゲン市民の空間として，取り戻した．Credit：Lars Gemzøe.

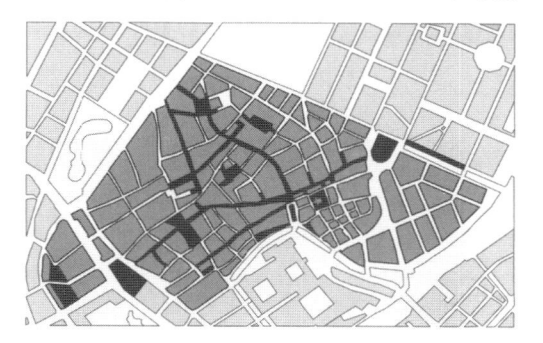

ヤン・ゲールによる1962年からのコペンハーゲンの歩行者空間の調査．2000年には，その活動が広がり，コペンハーゲン都心エリアで車の流入規制が行われている道路と広場に及んだ（およそ10haに相当で，全体の33%，広場の67%に相当する）．出典：J. Gehl, L. Gemzøe (2000), New city spaces, The Danish Architectural Press.

自転車は年齢を問わず健康に良く，道づくりで見直されている．Credit：Lars Gemzøe.

ニューヨーク市タイムズスクエアの整備前（自動車中心）．Credit：the New York City Department of Transportation．カラー口絵も参照．

2008年ヤン・ゲール指導のタイムズスクエアの整備後（歩行者中心）．Credit：the New York City Department of Transportation．カラー口絵も参照．

1.3 ランドスケープを支える人々のビジョン | 27

15 グローバル・ネットワーク
欧州ランドスケープ条約

■欧州評議会とは何か

　国際機関の欧州評議会（Council of Europe）とは，戦災後の欧州各国の和解を求めて，1949年に始まった国際組織で，現在47ヵ国からなる．本部はフランスのストラスブールにある．

　この欧州評議会が主催した2000年の欧州ランドスケープ条約の締結は，2012年で，調印と批准をした37ヵ国と，調印のみの3ヵ国とがあり，合計40ヵ国に及ぶ．各国は生活の質のための「ランドスケープ」に注目している．

■欧州ランドスケープ条約に至る経緯

　欧州において「ランドスケープ」の行政を求めたのは，地方行政だった．条約の公式解説書によれば，欧州ランドスケープ条約の提案を行ったのは，1994年に創設された地方自治体および州会議の決議No.256（1994年）である．

　そのきっかけは，地中海3州のスペインのアンダルシア州，フランスのラングドック-ルシヨン州，イタリアのトスカーナ州によって採択された「地中海ランドスケープ憲章」（1993年）であった．国境を越えた自然ランドスケープと文化的ランドスケープの保護とマネジメントという考え方を示したのである．

　その後，欧州評議会は，具体的な調査を始め，1997年から「欧州ランドスケープ条約のためのプロジェクト」を開始，専門家とともに条約化を目指した．そして，2000年7月19日に閣僚会議で条文が採択され，同年10月20日にフィレンツェで調印式となった．

■欧州ランドスケープ条約の3つの手段

　p.14のように，ランドスケープを定義したうえで，主な手段を「ランドスケープの保護」「ランドスケープのマネジメント」「ランドスケープ・プランニング」の3つに集約している．

■ランドスケープの保護

　1つ目の「保護」という手段は，当初からのメインテーマで，自然や文化の保護を求めている．自然とともに生きる暮らし，伝統が継承された歴史的なデザインや遺産とともに生きる暮らしを誇りに思っているのが欧州の人たちである．保護に反対するたいていの人の意見は，常に変化するものを固定することに意味がないという論調である．しかし，それでも次の世代にどうしても残さなければならないものがあるということである．そこには，規制や努力が必要なものであり，アイデンティティを維持することが多くの人の願いであるというのが，欧州の考え方である．アイデンティティを失えば，地域の暮らしが精神的に貧しくなると考えられている．地域の誇りを失えば，人々は離れていき，環境がより悪化する．

　ただし，この保護も，国レベル，州レベル，地方自治体レベルがあり，それぞれの立場で取り組むように求められており，どこかの単一行政レベルだけで行うというものとはしていない．欧州では，ランドスケープの保護を三重（国際レベルを入れると四重）に行うことの重要性を説いている．

■ランドスケープのマネジメント

　2つ目の「マネジメント」とは，絶え間なく続く行動のことであり，具体的に様々な事業や作用が加わる日常において，ランドスケープを適切に誘導していくための取り組みのことである．順応的プランニングともいわれているが，例えば，良好な環境の中で，生活利便性を向上するために必要な開発が行われる場合，周囲のランドスケープとの適合性を評価し，開発計画を改善すべく修正する方向に力を加えていく仕事をいう．

欧州評議会による欧州ランドスケープ条約10周年記念式典（2010年，フィレンツェ）の風景．世界から約300人が参加し，各国政府のランドスケープの取り組みを発表し，行政機関や関係する民間機関の知的ネットワークを強化している．

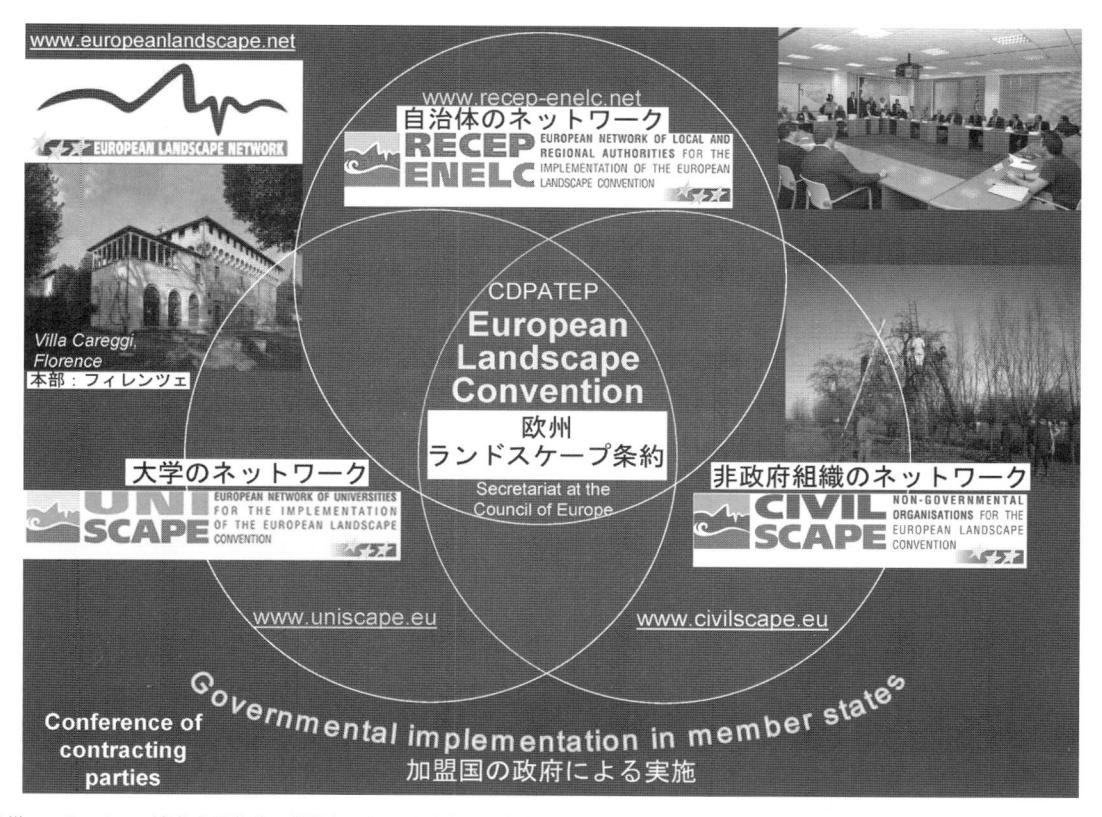

欧州ランドスケープ条約を具体的に推進するため，国際的な連携組織としてRECEPENELC（自治体のネットワーク），UNISCAPE（大学のネットワーク），CIVILSCAPE（非政府組織のネットワーク）が組織された．Credit：European Landscape Convention.

1.3　ランドスケープを支える人々のビジョン | 29

例えば，環境アセスメントのように，大規模な開発が周囲の環境に及ぼす影響を評価し，低減する働きかけも，マネジメントである．このとき，ランドスケープ・アセスメントも行われるから，開発の際に適切な形態へと修正が求められる．また，日本の景観法による事前の景観アドバイスなども，マネジメントである．このため，マネジメントには，ランドスケープに精通した専門家が必要となる．

■ ランドスケープ・プランニング（風景計画）

最後に「プランニング」もまた，社会的なニーズを踏まえた広域的な取り組みであるが，マネジメントと異なるのは，目指すべき将来像（ビジョン）を示す点である．プランニングは持続可能な開発を確認するうえでも重要な書類となる．経済的な発展を中長期的に維持しながら，その地域の「アイデンティティ」を維持していくため，プランニング技術を駆使する．また，地域の中で環境が悪化してしまったエリアの再生（鉱山跡，採石場跡，廃棄物処理場，荒廃した土地）も含めた，すべての地域の将来像を見えるようにする役割がある．ランドスケープのクオリティを向上することは，地域の生活を向上することを意味する．

プランニングの対象は，歴史的な遺産，エコロジー，農地，都市開発など，欧州で空間計画と呼ばれる広域計画とも総合化され，都市スケールから国土スケールまでの広がりをもっている．アイデンティティも国レベルから州レベル，都市レベルまで様々なレベルで存在しており，それぞれ責務と取り組みが必要であるとされている．また，公共と民間それぞれに責務がある．公共側もランドスケープに関わる，環境，文化，観光，公共事業など，管轄部局が広範囲であり，連携した仕組みが不可欠であるとしており，欧州もまた日本の縦割りの問題と同じ課題に直面している．

さらに，プランニングの際の課題は，様々なレベルで民主的な決定のための「参加」にある．

欧州評議会が民主主義や人権を重視していることや，ランドスケープ条約の取り組みが地方行政から始まっていることからもわかるように，「国」による制度上の仕組みづくりだけでなく，「州」や「自治体」の参加，非営利的な団体の参加，個人の参加，を前提条件とし，教育活動にも力を入れている．したがって，横のつながりとともに，縦のつながりもプランニング・プロセスの中で重要視されている．

■ ランドスケープのクオリティの目標

このクオリティという言葉は日本人にはわかりにくい用語である．質より量，文化より仕事を考えてきた国民であるから，クオリティの問題を避けてきた傾向がある．この条約を結ぶ最大の目的が，このランドスケープのクオリティを生活者のものにするということである．国土のいずれに暮らそうと，将来のランドスケープの目標が明確にあり，人々の参加と生活環境の改善を求めるための計画書をつくるということである．その計画書の内容は，土地利用規制や開発規制も含んでおり，日本の景観法のようなデザイン規制にとどまらない，地域のあり方の根底に触れるものである．

したがって，ランドスケープ・プランニングは，都市計画や農業振興計画と調整しながらも，優先度が高い上位計画に位置づけられる必要がある．

■ 欧州ネットワーク化の効果

欧州ランドスケープ条約を結ぶ最大のメリットは，国際的なネットワークをつくり，具体的な行政活動であるランドスケープの保護，マネジメント，プランニングを行う法的根拠を与え，行政をサポートする仕組みをつくった点にある．このため調印する政府の数が増えている．

また，各国の多様性を認めることこそ，欧州ランドスケープ条約の目的の良さである．多様な文化やアイデンティティを活かしながら，ランドスケープ行政の発展のために知識交流する場が国際的に構築している．

そして，この条約の基礎には哲学的ビジョンがある．その本質は，「コミュニティをつくって生きること」「ヒューマニティを鍛えること」「文化，自然，人間性の調和という芸術的行為に近づくこと」にあると，欧州評議会責任者はいう．

2

ランドスケープの特性と知覚
Characters and Perception

2.1 ランドスケープの時代特性
2.2 ランドスケープの分析把握
2.3 ランドスケープの評価

16 先史時代・古代のランドスケープ

■ランドスケープの持続可能性

先史時代や古代のランドスケープは，現存しない．すべてが現在のランドスケープだからである．しかし，現在のランドスケープの中に，古代につくられたものが含まれている．その痕跡である古代遺跡から，過去を想像することができる．こうした遺跡は時代を超えて持続された共有の遺産である．まさにランドスケープには持続可能性がある．

例えば先史時代の遺跡は，ストーンサークルのように宗教的な空間が今もイギリス各地に残されている．そのほかにも，耕作地の跡，集落の形態など，現在の地上に痕跡がはっきりと記録されている．古代遺跡は，日本のように地中に埋まっているとは限らず，イギリスの例のように，地上に見えている国も少なくない．

■古代都市のランドスケープ

中国伝来の風水思想によるまちづくり方法では，東西南北に四神を配し，周囲の地理，自然環境との関係を意識した都市全体のランドスケープがつくられてきた．さらに，都のデザインとしては儒教を背景に，中国から日本に伝来した条坊制により，南北の大路（坊）と東西の大路（条）で構成された．

一方，西洋においては，ローマ帝国の権力者は都市や田園のデザインを統一的に実践した．例えば，パリやフィレンツェなどは，植民都市として一定のモジュールをもつローマン・グリッドの小都市に過ぎなかった．また，古代ローマ人は生活に必要な飲料水を都市に提供するために，水道橋を考案した．首都ローマへ向かう一直線に伸びた水道橋は，アーチ構造とともに水平に続く人工的技術の高さを周囲に知らしめた．

公衆浴場や競技場など，各地にローマ式のランドマークとなる公共施設が建設され，人々を喜ばせた．ローマ式の劇場のいくつかは，周囲のランドスケープと一体的にデザインされていた．海や町並みを楽しむことができたであろうことが，遺跡を訪ねるとよくわかる．明らかに，古代人にランドスケープの認識があったことの証しである．

また，古代ローマの凱旋門のように，権力者の戦争による勝利をランドマークとして，歴史上後世にその名を刻む方法も考案された．

古代の住宅や都市広場の風景が今もよく確認できる例として，ポンペイの遺跡がある．商業地区は長屋形式である一方，住宅は中庭形式が見られ，壁に漆喰を用い，その外観や中庭に多彩な装飾が施されていたため，色彩豊かなランドスケープがあった．

■古代田園のランドスケープ

洋の東西を問わず，田園にも古代のランドスケープが残されている．例えば，都市部より大きなローマ式の田園グリッド（条里制）が適用されていた．当時，歩数のモジュールを使用しており，基準となるグリッド幅は1200歩だった．

一方，イギリスでは，古代からエンクロージャー（家畜を放牧したり，所有地を明確にする目的で囲った農地）がつくられていた．このため，遺跡とともに，エンクロージャーの石垣の中に，古代や中世のものも見られる．

日本においても，田園は条里制が用いられていた．7世紀の律令制の下，都を中心とした国土は五畿七道に区分され，国府が置かれたが，直線道路（駅路）や駅（駅家）がわずかに残っている．

奈良の平城京（719年）南西の六条には，薬師寺が建造された．見渡しの良い勝間田池からの眺望は，古代のランドスケープを感じることができる．

イギリス・ソールズベリーにあるストーンサークルのストーンヘンジ（紀元前2000年代，世界遺産）は，先史時代のランドスケープを感じることができる．

奈良市薬師寺三重の塔（東塔は730年建造，世界遺産，国宝）は，『万葉集』に歌われている西ノ京大池（勝間田池）から眺めることができる．日本古代のランドスケープは現在非常に貴重な存在で，薬師寺のスカイラインと山並みとの関係がわかる．金堂の屋根の左側に東大寺大仏殿も見えている．現在，奈良市重要眺望景観に指定されている．薬師寺東塔は，2018年まで解体修理予定．

17 中世と近世のランドスケープ

■**中世のランドスケープ**

中世のランドスケープには,ヒューマンスケールのデザイン上の特徴が共通に見られる.都市自治が確立しており,今も残る歴史的な町並みが形成されていた.また,都市と田園の身近な関係の下,都市周囲に広がる農地の風景は牧歌的に描かれる場合が多い.

その一方で,戦国時代のように,城塞や城壁,堀が建設された時代でもある.危機的な状況から,都市コミュニティはより結束した環境を作り出していた.

日本では,鎌倉時代からの武家政権が始まり,禅の思想が庭づくりやランドスケープに大きく影響を与えた.

■**近世のランドスケープ**

15,16世紀の平和な時代,国際的な経済社会活動が活発化し,富が都市に集められるようになる.ルネサンス期がその頂点であり,フィレンツェの銀行家やヴェネツィアの商家が,町並みを豊かに変貌させていった.最も重要だったのは大聖堂の建設で,ドームのデザインは,コンペで選ばれたフィリッポ・ブルネレスキのものである.フィレンツェ市のスカイラインを今なお決定している重要なランドマークである.

一方,トスカーナ地方の田園の中に,ヴィッラ(別荘)が建設され,道沿いに糸杉が配置され,都市と異なるランドスケープの価値観が成立していた.

巨匠のミケランジェロ,ダ・ビンチらが育つ気風がつくられた.芸術と科学が総合的に発展した時代であり,様々なイノベーションが見られる.特徴の一つは,建築物のファサードの概念の変化である.ファサードは独立したデザイン要素で,内部空間とは切り離すことができた.三層構成のデザインなどはこのとき生まれたもので,それ以前のレンガのみの外観だったものから,意図的に屋外空間をデザインし,町並みを変貌させる.ポルティコなどの半屋外空間を組み合わせ,複数の建築家が数百年かけて作り出したアヌンツィアータ広場の形成などは,アーバンデザインの始まりと位置づけられている.

同じくルネサンス期にランドスケープ・デザインの原点となった庭園のデザインが貴族達によって探求された.フィレンツェ郊外にはたくさんのヴィッラ(別荘)が計画された.周囲の自然環境やフィレンツェの町並みを遠望する位置に,幾何学的な庭園が配置された.ランドスケープ・アーキテクトの仕事が確立した.

■**日本の近世のランドスケープ**

日本の近世は,武家による中央集権の確立した17世紀を代表に捉えると,天守閣を中心とした城下町が思い起こされる.天守,石垣,堀割を中心としたランドスケープの文化は,日本独自の都市計画手法であり,個々の城下町に個性を与えている.その多くが,近代(明治時代)において文化財の概念なきまま内乱による痛ましい被害を受けた.

日本庭園においては,桂離宮や修学院離宮に代表される公家の回遊式庭園と茶室の組み合わせと,浜離宮,兼六園,後楽園といった茶事や宴を催す社交場として,より大きな回遊式庭園である大名庭園が作庭される.

回遊式庭園では,そのパノラマを活かして借景の技法がよく取り入れられている.このため,庭園の内外のつながりに作庭上の特徴があり,今日においても庭園を外部環境に対して閉じることなく,庭園の外一体的なランドスケープの保全が重要である.

イタリア・フィレンツェ市の眺望．15世紀当時コンペを経て，世界初，最大のドーム構造を提案したフィリッポ・ブルネレスキの設計が採用され，1461年に完成した．その八角形平面を立ち上げた独特の赤いレンガ屋根のドーム（サンタ・マリア・デル・フィオーレ大聖堂）によって，今なおフィレンツェの街のスカイラインは決定づけられている．

岡山市後楽園の眺望．大名庭園の一つである後楽園（国の特別名勝）は，1700年に津田永忠によって作庭された．「延養亭」から園内の築山である「唯心山」とその背後の操山と「多宝塔」への借景の眺望は，現在岡山市景観計画によって保全されている．広大な芝生，水辺，茶畑，竹林など，明るい庭である．建物の内部に水と石を配した宴のための東屋「流店」も独特のデザインであり，涼しげである．

18 近代のランドスケープ
パリ大改造，モダニズム

■近代のランドスケープ：都市軸

　19世紀中盤，都市の公衆衛生を改善する目的で，パリの大改造がオースマン知事によって実行された．バロック的な都市計画と呼ばれるが，既成市街地内において，広復員の道路建設とともに，隣接する建築物を建て替え，統一的な街並みを形成した．大規模な再開発は，時の権力者ナポレオン三世とオースマンによってトップダウンで行われたものである．当時の建築デザインは，新古典主義であり，ボザールの大学教育による古典回帰が影響した街並みである．オースマンの施設配置は，直線道路の先に公共施設やモニュメントを配置する都市軸の形成手法である．

　ミラノの大聖堂周囲の再開発では，1885年ガレリアが建造された．建築は新古典主義であったが，鉄とガラスを用いて，大規模なアーケード街の原型が生まれた．

■美術工芸と自由な表現

　19世紀末には，建築，工芸，家具，グラフィックを統合したアールヌーヴォー，アールデコ，セゼッションといった表現主義の運動が起こった．それまでの新古典主義から脱却し，新しい芸術が多数生まれた．特に建築の要素には，鉄やガラスの装飾が加えられた．

　アントニ・ガウディは，カタロニア・モダニズムとされ，1882年からサグラダ・ファミリア大聖堂の設計に携わる．放射線状のカテナリー曲線を用いた尖塔は，古典主義と異なる独自性を獲得したランドマークとなっている．

■田園都市

　ロンドンの工業化から，環境を改善する方法として，大都市郊外の田園に都市を移設するという起業家が出てきた．エベネザー・ハワードの『田園都市』（1898年）の影響である．この理論を実践するため，1899年にハワードを中心に田園都市協会を設立．この協会は1903年に，ロンドン北郊のレッチワースに初の田園都市建設に着工した．この事例では田園都市を運営する土地会社が住民たちに土地の賃貸を行い，土地会社の資金を元手に住民たち自身が公共施設の整備などを進めた．日本での田園都市づくりにも大きく影響を与えた．

■近代工業のランドスケープ

　トニー・ガルニエの『工業都市』（1904年）は，工業用地と住宅地を分離する新しい都市像を明確にし，ゾーニングの概念をもたらした．また，それまでの古典主義装飾を排除したコンクリート建築で，ル・コルビュジェらモダニズムの近代都市像に影響を与えた．なお，彼はボザールのローマ賞を獲得して留学するが，課題に反して『工業都市』を提出したことで波紋を呼んだ．しかし，一つの都市像を描いたり，低層住宅のデザインに中庭が出てくるのは，留学先のイタリアの遺跡に影響を受けていたと見受けられる．

■モダニズムの都市ランドスケープ

　20世紀初頭において，建築家ル・コルビュジェを代表とする，モダニズムの運動が起こる．鉄筋コンクリートによる構成主義的な近代建築を確立し，高層建築を用いて広いオープンスペースを足下に確保し，自動車社会を反映した土木構造物と一体化した提案などが典型的である．

　また，国際化を背景に，CIAM（近代建築国際会議，1928〜1959年）によって，モダニズムの理論を強化し，普及した．1933年にアテネ憲章を作成し，都市計画の機能主義（住居，労働，余暇，交通）を主張し，戦後各国で実施された．

19世紀，パリの大改造がオースマン知事によって遂行される．パリ都心で行われた都市軸を構成する道路計画は，両側の歴史的建築物を取り壊して行われた．現在，私たちが観光で目にする表通りの多くが，このときつくられたアーバン・ランドスケープである．当時設計コンペで当選したシャルル・ガルニエが設計したオペラ座への都市軸も同様である．その街並みやビスタは，今も大切に守られている．

トニー・ガルニエの『工業都市』のイメージ．当時，エコール・デ・ボザールは，新古典主義の建築をリードするため，設計優秀者をローマに留学させて，古代建築の遺跡を実測したうえでパリに持ち帰らせていた．しかし異例にも，ガルニエは架空の都市『工業都市』を描いて大学に提出，波紋を呼んだ．古典的な装飾を建築から取り除き，近代工業を前提とし，住居系エリアを分けて一つの都市を細部にわたって構想するといった都市像を描く方法自体が，その後，ル・コルビジェなどの都市計画のモダニズム運動につながっていく．出典：文献37.

19 パノラマとスカイラインの知覚
港町横浜と富士山

■スカイラインの知覚と問題の所在

都市のランドスケープを知覚する場合，そのスカイラインは全体を理解するうえで重要な要素である．このスカイラインがないバラバラな開発が続いた結果，現代日本の人々は街全体の認識を欠如していく．これは容積率制を導入した1970年代に高さ規制を失ったために生じた感覚で，それ以前の諸都市は調和を有していた．高層建築を含めても，欧米の都市の計画はこのスカイラインを重視して建設されている．しかし，日本の場合，都市コミュニティを形成できないことと，スカイラインのまとまりが知覚できないことには，何らかの因果関係がある．屋上に許可してしまった広告物によっても，そのバラバラなイメージを助長している．

■スカイラインを考慮した横浜みなとみらい

現代都市開発のわかりやすい例で，人間の知覚能力を検証してみる．横浜みなとみらい21中央地区では，1988年に地権者と（株）横浜みなとみらい21との間で締結された街づくり基本協定により，敷地規模や建築物の高さ，外壁後退などの基準が示されている．この協定により，ランドマークタワーから港へ向かって低くなり，海に向かって帆をいっぱいに張ったシルエットのパシフィコ横浜をシンボルとするスカイラインの形成がなされた．

一方，新港地区では街並み景観ガイドラインによって建物高さを規制し，中低層建物による落ち着いた街並みへと誘導することが定められている．全体として海に向かって緩やかに下り，横浜みなとみらい21中央地区や関内地区と比較して，新港地区は一段と低いスカイラインを形成する計画となっているため，シンボルである赤レンガ倉庫が多くの場所から眺望が可能である．

また，日本大通りの海への眺望軸線にあたる象の鼻パークでは，プロポーザルの公募が行われ，2009年に小泉雅生案が建設された．象の鼻の形をした防波堤は，明治期の姿に復原されている．

■パノラマの分析

パノラマの視点場として，にぎわいを見せている「横浜港大さん橋国際客船ターミナル」の360°を見渡せる屋上デッキを例に取り，横浜の重要プロジェクトを横断的に眺める景観を取り上げる．図は，デジタルカメラで撮影した写真で，視野角とカメラの画角を比較している．そこでは，赤レンガ倉庫を中心とした新港地区の公園を291.1 m先に眺め，その背後1390 m先に高さ296 mのランドマークタワーを望む．地区断面図と地区平面図を作成した．

一般に，無理なく眺めることのできる人の視野は仰角30°程度である．視点場からランドマークタワーの最上部までの角度は約11.54°であり，空と含めて人間の眺望視野に適している．

一方，水平視野について，人の注視安定視野45°以内にランドマークタワーとヨコハマグランドインターコンチネンタルホテルが含まれている．

国際建築コンペによって生まれたターミナル屋上デッキの開放というFOAの設計提案は，おそらく当初の予想を超えて公共空間の役割を際立たせ，海の上の広場としてランドスケープ戦略上重要な位置にある．屋上デッキからの眺望は，隣接して次々に建設される各プロジェクトを横断的に横から眺めることができる絶好のポイントである．ただし，このランドスケープの中に，富士山が含まれていて，この場所が日本を代表する眺望点となり得る点を，横浜市が認識して眺望保全していないことはたいへん残念である．

横浜みなとみらい21と新港の夕暮れ風景．たくさんの人々が新しい街並みを楽しんでいる．ランドマークタワーが視界の中でちょうどよい位置で見えるのは，その仰角が11.54°であるためである．さらに，横浜港大さん橋国際客船ターミナル屋上からは富士山（写真の左側の赤レンガ倉庫の上側）も見える．日本を代表する横浜らしい富士山への眺望保全も検討して欲しいものである．

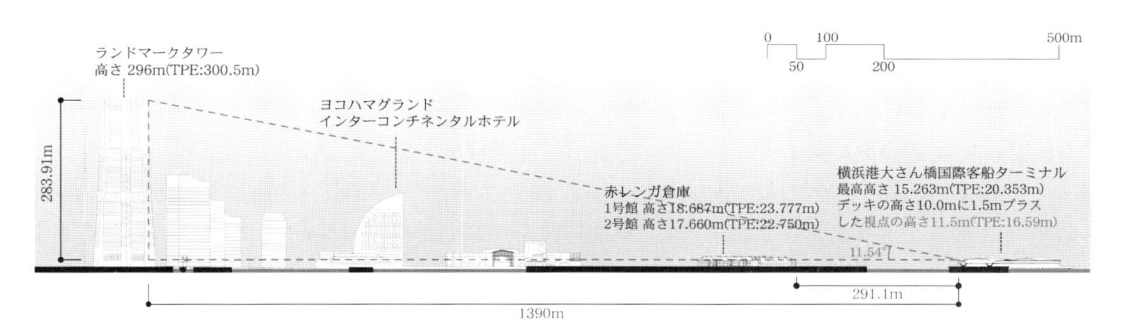

横浜港大さん橋国際客船ターミナルからランドマークタワーに至る地区断面図（A-A′）と仰角11.54°．

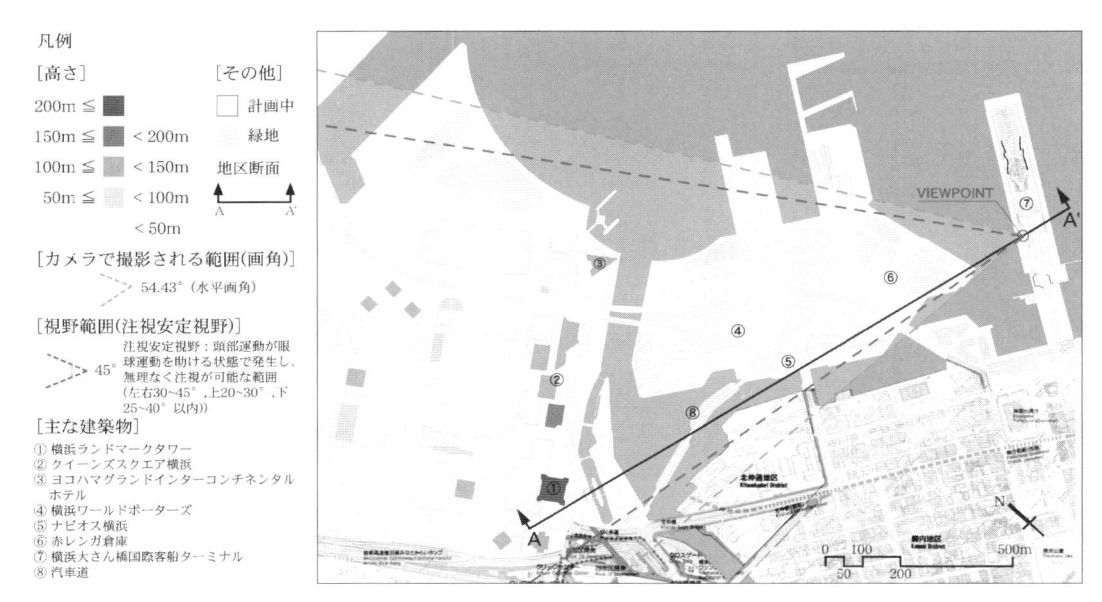

横浜みなとみらい21と新港の各プロジェクトの建物高さと配置と横浜港大さん橋国際客船ターミナル屋上デッキからの視野範囲の関係（ただし，上記のカメラの画角やアングルは，同頁の夜景とは異なる）．

2.2 ランドスケープの分析把握

20 東京タワーの歴史と富士山への眺望
眺望アセスメント

■ **東京タワーの歴史的価値**

東京のランドマークとして思い浮かべるものとして，東京タワー（1958年完成）が代表的であろう．2012年，東京スカイツリーが開業したばかりであるが，低迷した時代の雰囲気を明るくしてくれるシンボルが，都市には必要である．

東京タワーは，戦後の復興の中で唯一の高層建造物として建ち上がった．テレビの普及に伴って，複数の電波塔が乱立することを防ぐ目的で，1本の電波塔にまとめた民間の事業である．それは「昭和」という時代のシンボルでもある．デジタル放送への移行によって，その存在価値が心配された．

そこで宮脇研究室では，東京タワーを国の登録有形文化財として保存するための調査と提案をし，日本電波塔株式会社（東京タワー）はこれを採用，2012年に国の審議会を経て，保存が決定した．

さらに，塔だけでなく，その場所自体にも歴史的価値がある．明治時代の芝公園には，東京タワーの場所に紅葉館があった（芝公園設計図はp.121参照）．そして，東京タワーは50年以上の間，ランドマークとして知られてきた．その記念物としての価値や，展望台からの富士山への眺望にも，歴史的な価値を主張しているところである．

■ **富士山への眺望価値**

東京タワーの眺望点は，大展望台1階（海抜145 m）と特別展望台（海抜250 m）の高さにある．現在，南西に富士山が見えているが，将来とも保証された展望とはいえない．

眺望保全は，ランドスケープ・プランニングの課題であるが，東京において国会議事堂，迎賓館，絵画館，東京駅への眺望保全は既に導入されている（東京都景観計画）．しかし，富士山のような自然物を対象とした眺望保全は，まだ東京では検討されていない．

民間の施設であるが，東京タワーが文化財や景観重要建造物に位置づけられて，将来とも保存できれば，その視点場にも一定の公共性が認められると考えられる．そのとき，眺望上重要なのは，何よりも富士山である．

筆者ができることとしては，具体的に眺望アセスメントを行ってみることである．例えば，上図のように富士山の中心軸から遠い方の幅bを取り，少なくとも左右対象に2倍ずつ，つまり4bの幅を確保する．高さ方法については，手前の蛭ヶ岳の半分が見えるように，cを確保することを目標とする．

こうしてできた枠で囲まれた富士山の眺望を保全するために，地図上で用途地域規制を，東京タワーから富士山への軸上でチェックしてみた（下図）．すると，眺望を阻害する可能性は商業地域で見られ，複数存在していることがわかる．そこに都市再生事業のような特別な開発行為が行われると，富士山への眺望を守れないかもしれない．それを防ぐには，それぞれの地点で，建物の高さの許容限度を算出し，開発の際に注意を促す必要がある．また，それを公式文書で明示するためには，港区景観計画と隣接する渋谷区および目黒区の景観計画などで，眺望保全のための高さ基準を記載することが必要である．

将来の東京のあるべき姿を，多くの人が意識できるようにし，ランドスケープをマネジメントすべきである．一つの開発で眺望を壊すことは容易であるが，風景が壊れた後では遅い．こうした予防のための評価を，「ランドスケープ・アセスメント」と呼ぶ．

東京にとって，富士山の風景や東京タワーの存在は，不可欠なものである．こうした認識を，公共的利益として守っていかなければならない．

東京タワー大展望台から望む富士山のランドスケープ（2008年）．ここが日本であり，東京であることのアイデンティティそのものである．この東京固有の風景を失ってはならない．しかし，徐々に超高層建築が東京タワーからの風景を変化させていて，将来に保証された風景ではない．だからといって，写真手前の土地利用や都市開発において，ランドスケープの公共性を無視してはいけない．眺望特性を明確にするためには，都や区の自治体は「ランドスケープ・アセスメント」を導入する必要があるだろう．最低限どの範囲の風景を守るべきか，議論する必要がある．2012年には国の登録有形文化財として，東京タワー（1958年建造）そのものの歴史的，文化的価値が認められた．今度は，文化財からの歴史的眺望が保全できるかどうかである．ベースの写真は日本電波塔株式会社の提供．

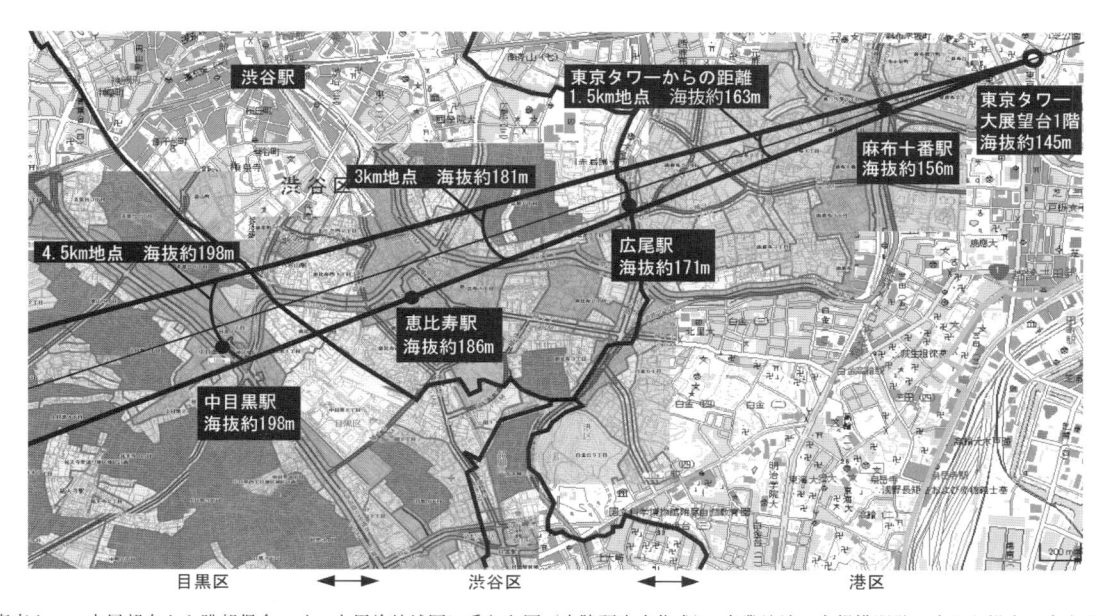

東京タワー大展望台から眺望保全ラインを用途地域図に重ねた図（宮脇研究室作成）．商業地域で大規模開発が生じた場合，富士山への眺望を阻害する高さを概算した．例えば，麻布十番駅で海抜約156 m，恵比寿駅で海抜約186 mを超えると，上の写真の眺望枠内に建物が阻害し始める．視点場の東京タワーの公共性をより明確にする必要があり，景観法の景観重要建造物に指定する必要がある．

2.2 ランドスケープの分析把握 | 41

21 道路と街区の歴史的ランドスケープ
江戸東京都心部のキャラクタライゼーション

■道路の歴史的分析

　日本の多くの都市には，歴史的な道路が残されている．しかし，新しい道路建設や拡幅工事が繰り返され，歴史的価値がわからなくなっている．例えば，江戸東京の中心である中央区を取り上げてみる．江戸初期の寛永9年（1632年）から平成17年（2005年）まで歴史的地図をもとに15の年代に区分し，道路がいつ形成されたのか，年代図を作成して分析した．

　道路形成年代図によれば，寛永9年（1632年）までに形成された道路は現在の日本橋馬喰町から銀座にかけて現在の中央通りを中心に分布している．この一帯は江戸商業の中心であり，町人地が広がっていた．道路中心同士の間隔が60間（≒120 m）×60間の正方形となっている．

　一方，明治9～20年（1876～1887年）に形成された道路でも，大部分が銀座に集中している．銀座は明治5～10年（1872～1877年）にかけて銀座煉瓦街建設に伴う区画整理が実施された．また，銀座の道路新設は寛永9年（1632年）以降の正方形街区を3分割する形で行われた．

　明治20～大正11年（1887～1922年）に形成された道路は，日本橋各町・京橋と月島・勝どきに分布している．月島・勝どきでは，明治24年（1891年）から大正2年（1913年）にかけて埋め立てられ，道路は60間×30間の長方形になっており，街区スケールは江戸の町人地がもととなっている．

　大正11～昭和7年（1922～1932年）に形成された道路はほぼ全域に分布している．これは関東大震災後の帝都復興事業による区画整理の実施エリアである．

　平成3～平成17年（1991～2005年）に形成された道路は，河川や運河の護岸に集中している．水辺の整備が進んだ様子がわかる．

■街区の歴史的分析

　次に，公道によって囲まれる「街区」の形成年代に着目して歴史的評価を行った．

　結果をカラー口絵に示す．これを見ると，文久2年（1862年）までに形成された街区（江戸時代の街区）は47街区残されている．これは中央区の全1528街区の3.0%にあたり，貴重な存在である．一つは浜離宮の武家地で，残り46街区は町人地である．

　文久2～明治9年（1862～1876年）に形成された街区は93街区で42街区は銀座に集中し，明治5～10年（1872～1877年）に行われた銀座煉瓦街建設によって形成された街区である．銀座は，後の帝都復興事業の影響をほとんど受けず，明治期前半の街区を多く残している．

　明治20～44年（1887～1911年）に形成された街区は122街区あり，その半数が現在の月島・勝どきに集中している．なお，月島・勝どきを取り上げ，路地である私道を含めた街区を再定義して歴史的分析を行った場合，明治だけでなく，大正，昭和，平成の街区に細区分される．

　このように，江戸東京の都心部に，価値ある歴史的街区がまだ残されていることがわかる．建築の変化が激しい東京に，変わらない道路や街区の歴史的価値を浮かび上がらせることができる分析方法である．

佃島の様子．江戸時代の街区が多く残っている貴重なエリア．

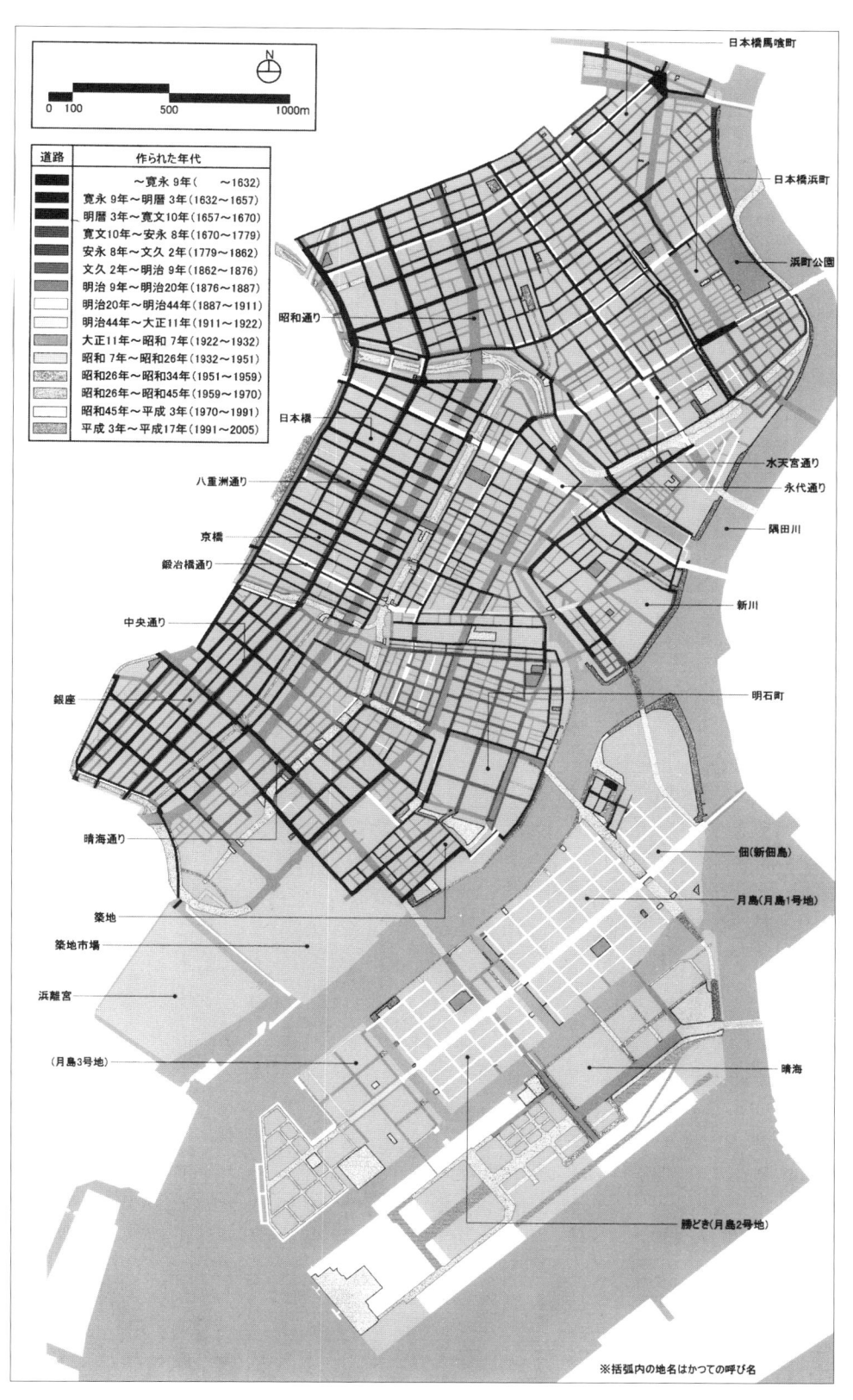

道路形成年代図（歴史的な地図を用いて，道路の歴史性を評価する方法．出典：文献 40．宮脇研究室作成．カラー口絵も参照．

22 GISによる土地利用分析
千葉の里山の不変化とモニタリング

■土地利用分析とGISの活用

ランドスケープは，その語源のとおり，土地の姿でもある．ここでは，土地の利用種目から観察方法を解説するため，千葉市域の土地利用の変化と不変化エリアを分類抽出し，安定したランドスケープの価値を見出す方法を紹介する．

千葉県には，1978年に作成した土地利用現況図が印刷物しかなかったので，GIS化を図った．一方，2001年のGISデータ（ポリゴンデータ）があり，土地利用分類の統合を行ったうえで，この間の土地利用変化を分析した．ポリゴンデータは，メッシュデータと異なり，細かなエリアの土地利用を捉えることができ，欧州ではランドスケープや都市計画行政で普及しているが，日本の行政ではまだ一般化していない問題がある．

■千葉の里山に注目する

日本では風景の変化に着目しがちであるが，ここでは逆に保護を目的に不変化エリアに着目する．その研究結果により，千葉市の場合，特有のランドスケープである「谷津田の風景」を土地利用から捉えた．風景が安定して残っているエリアを明確にできれば，風景保護やエリアマネジメントに活かすことができる．

1978年から2001年の間で，土地利用の変化分と不明分を取り除き，23年間安定した部分の地理的位置を抽出した．結果は，千葉市全域の土地利用の約6割が安定して残っていた．また，土地利用変化が市全域で虫食い的な形態でまばらに起きている．農地に着目すると，千葉市東部の谷津田の風景が残っていることがわかった．

■里山のモニタリング

そこで，GISデータから，谷津田の構成要素である土地利用分類の「山林」と「田」のみを抽出して評価を試みた．森林の抽出にあたっては，「田」の境界線からの150m幅の範囲で，「山林」の不変化面積がどのぐらい含まれているのかを比較してみた．また，谷津田をその土地利用形状から枝状の地区単位ごとに区分し，谷津田の風景を特定するために，全61番までコードをナンバリングした．

次に，谷津田の地区ごとの「田」と「山林」の不変化面積の比率を求め，上位3位の谷津田地区を抽出した．例えば，「山林」および「田と山林の合計」の比率が最も大きかったコード38番の平川地区（安定率72.2%）をモニタリングした．

■ランドスケープ・モニタリング

1978年の土地利用図と2001年の土地利用図両者の不変化分析図に加えて，モニタリングには2001年の航空写真を活用した．平川地区（コード38番）の谷津田の風景を航空写真で検証した結果，細長い「田」と奥深い里山の連なりが，まとまって残っている谷津田の独特な風景の所在が確認できる．ただし，この谷津田の両端の一部の「田」は，h：「原野」やi：「畑」，j：「山林」などに変化しており，風景の変化が懸念される．「山林」は，k：「原野」，l：「畑」のほか，m：「公共」に変化している部分がある（左下図参照）．

さらに眺めをモニタリングするため，アイレベルでの現地調査と写真を用いている．①の眺めから，土地利用の不変化によって「田」と「山林」が曲線の境界をもって広がり，谷津田の典型的な風景が保存されていることがわかる．②の眺めについて，「山林」の奥側に，図のm地点の「公共」の高齢者福祉施設用地がある．幸い谷津田側からは見えないものの，施設の立地コントロールが必要な場所である．

1978年から2001年までの 土地利用分類不変化	
山林	オープンスペース
原野	住宅
田	商業
畑	工業
公共	その他
	千葉市 範囲

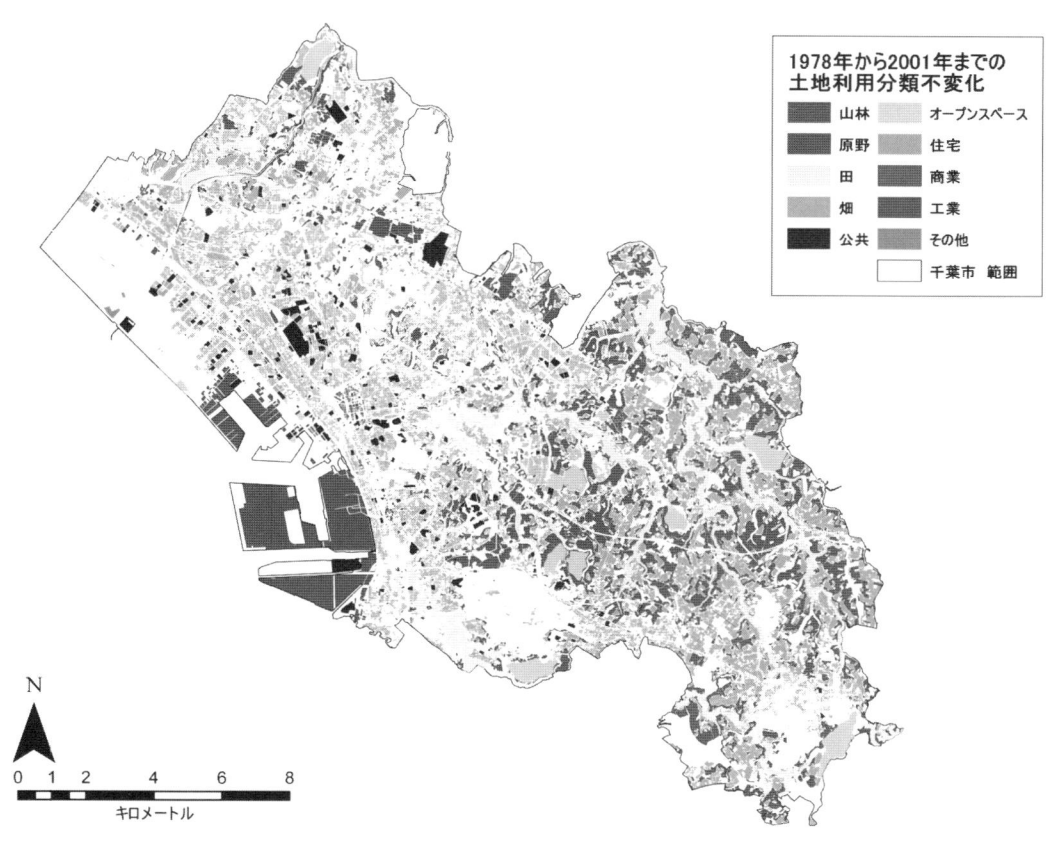

GISによる1978年から2001年までの土地利用分類の不変化部分の分布（千葉市全域の約6割は23年間安定し，東部は谷津田である）．
出典：文献41．宮脇研究室作成．

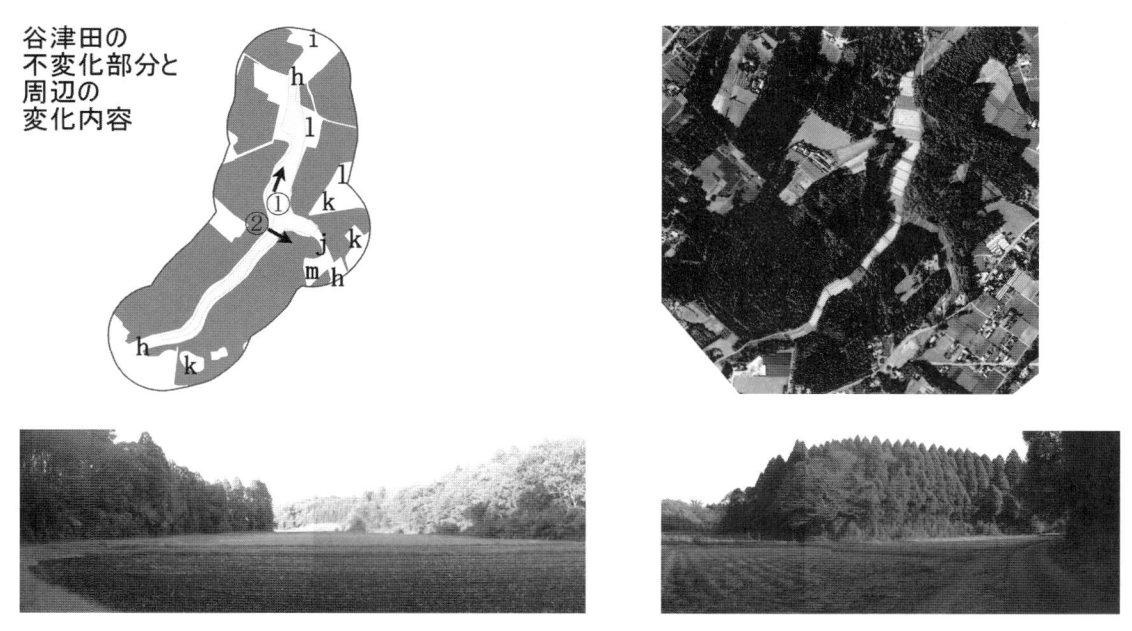

谷津田の
不変化部分と
周辺の
変化内容

谷津田の平川地区のモニタリング．土地利用不変化図の拡大図（左上）と航空写真（右上），現地アイレベルの写真（左下が視点場①，右下が視点場②）．出典：文献41．

2.2 ランドスケープの分析把握 | 45

23 航空写真と現地調査
館山市の生垣

■航空写真の活用

　歴史上当たり前にあったランドスケープは，広く分布しているために，どのように全体を把握するかが課題となる．そこで，航空写真が役立てられる．近年の航空写真は自治体が保有している場合が多いので，自治体と協力して調査するとよい．インターネット上にある航空写真は参考にはなるものの，年代の特定ができず，大都市では詳細な写真ではない．国土交通省のサイトの中には，無料で活用できるものもある．

　過去の状況を知るためにも，地図ではわからない緑地の存在を分析するときなど，航空写真の分析は重要である．最も古い航空写真は，米軍によるもので，終戦直後の全国の状況がわかる．日本地図センターから，写真やデータで購入できる．

■館山市の生垣の調査

　高解像度の航空写真で分析した例として，筆者の研究室で行った生垣という緑の調査を紹介する．千葉県の南端に位置する館山市には，マキの生垣の集落が発達していて，生活環境資源の一つとして存在している．特に市街地の中に集中的に生垣が形成されているのは鶴ヶ谷八幡宮周辺であることが航空写真からもすぐにわかる．生垣は海からの強い風や潮を防ぎ，火災の延焼を防ぐなど防風・潮，防火の効果が高く，海岸部の集落にとっては欠くことのできないものであった．このような歴史的な生垣の分布把握において，航空写真の分析は有効である．

　館山市の航空写真をもとに，ゼンリン住宅地図へプロットを行った．方位は，敷地ごとに東西南北で分類し，さらに，生垣の配置の面型に応じてもプロットした．調査シートを作成し，全調査地区と地区別での生垣保有率，生垣非保有率，宅地または農地での生垣保有率や生垣非保有率，生垣の面数や周長，面型周長の比較など，パソコンデータにて算出できる．

■現地調査の併用

　航空写真は，地域全体の土地利用や風景要素の分布を把握するのに大変有効であるものの，現地で確認することも忘れてはならない．航空写真では高さの情報や樹種や素材感がわからないためである．また，新しくつくられた宅地には生け垣が設置されていないために，生け垣が断片化する要因を現地調査で確認することができる．

　館山の生垣の例では，通りごとに高さと樹種の調査（Aエリア，Bエリア）を行った（図参照）．生垣の多い通りで現地調査すると，A-1通りでは，生垣の平均高さが1.5ｍと低いが，連続した生垣が通り沿いの景観に寄与していた．

　A-2通りでは，平均高さ3.4ｍと高い生垣の特徴が現れているが，コンクリートブロックが長く連続し，生垣が分断されている敷地も見られる．コンクリート塀やフェンスは，航空写真からは判読しにくいものでもある．

　B-1の通りは，中心市街地でも特に高さのある生垣が連続する通りで，5ｍ以上の高い生垣が多く残っており，平均でも高さが2.9ｍと4.4ｍであった．

　一方，B-2の通りは，平均高さが2.2ｍと1.7ｍと低い．B-3の通りは，平均高さが3.1ｍであったが，フェンスなどに置き換わっていて，風景の変貌が見られる．

　樹種については90％とほとんどの生垣がイヌマキであり，次にツバキ，笹，竹と続いていることがわかっている．

　以上のように館山市の市街地における生垣の分布と高さや樹種のデータが形成されたが，農地の生垣においても同様に調査ができる．

高解像度の航空写真と住宅地図の重ね合わせによる判定．ベースの航空写真は館山市の提供．

線＝生垣　破線＝非生垣（フェンスなど）

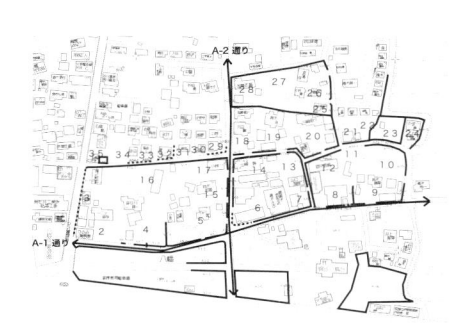

Aエリアと高さを計測した2つの通り．

Bエリアと高さを計測した3つの通り．

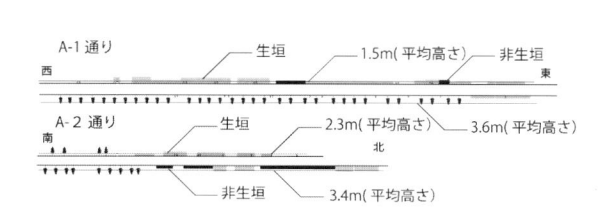

Aエリアでの生垣の平均高さの算出．

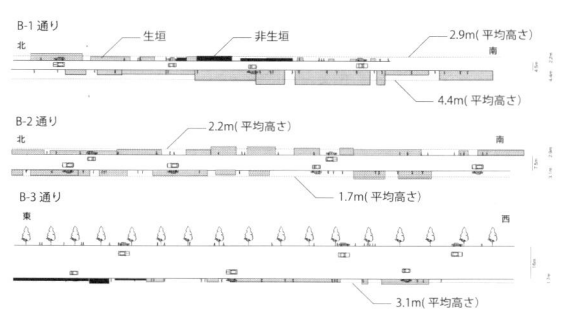

Bエリアでの生垣の平均高さの算出．

Aエリアでの最も高い生垣の現地調査と測量（敷地 No. 20）．

4m以上の連続する生垣の通りの例（敷地 No. 42）．

2.2　ランドスケープの分析把握 | 47

24 ランドスケープ特性アセスメント
イングランド

■ランドスケープ特性アセスメント

地域ごとの調査とその特性の評価を行う「ランドスケープ・アセスメント」が国レベルの政策で扱われるようになったのは，イギリスの1980年代後半からである．その研究を経て，2002年には政府が作成した「ランドスケープ特性アセスメント（Landscape Character Assessment：LCA）」のガイダンスと，技術的に解説した文書が公表された．現在では，イギリス以外に，欧州各国にも普及し始めている．

■アセスメントの作業ステップ

LCAの作業ステップは，ステージⅠの「キャラクタライゼーション」と，ステージⅡの「判定」からなる．特に，ステージⅠの「キャラクタライゼーション」という言葉は，「地域を特性付ける」ことを意味し，ランドスケープ・アセスメントの重要なキーワードとなっている．つまり，ランドスケープのキャラクター（特性）を見出す作業ステップである．こうしたランドスケープの特性の抽出によって，文脈に合わせたエリア分けが行われる．

ステージⅠの「キャラクタライゼーション」のプロセスは，第1段階：目的の設定，第2段階：ディスク・スタディ，第3段階：フィールド・サーヴェイ，第4段階：分類分けと描写，からなる．

第1段階の目的の設定時には，目的に合わせた対象スケールやアセスメントの手法の詳細を検討するとともに，準備段階から「参加すべき主体」を明確にし，最終評価判定のタイプを予測する第2段階のディスク・スタディでは，地域の背景を知るための資料を調べたり，その他のデータや地図情報を集めることである．それらを一連の地図にまとめ，ランドスケープ特性タイプやエリア分けの素案をこの段階でつくることができる．

第3段階のフィールド・サーヴェイは，第2段階で作成した素案をチェックし，より正確にする役割がある．特に，描写しながら，地域特性を知らせ，美しさや知覚を通じたクオリティのアイデンティティを明確にする．フィールドに出ることは，ディスク・スタディと違ってランドスケープの現状を特徴づけることでもある．第4段階の分類分けと描写は，ランドスケープ特性のタイプ分けやエリア分けをマップで定める段階であり，キャラクタライゼーションのアウトプットをつくることである．そのとき，「地域で鍵となる開発圧力」の位置や傾向も認識される．

一方，ステージⅡは「判定」のプロセスである．具体的に，第5段階：評価方法の決定，第6段階：判定からなる．

第5段階の評価方法の決定は，アセスメントの目的に合わせた評価判定の方法を決めることである．全体的な評価アプローチとともに，方法の決定に際してステークホルダー（関係主体）の役割も必要である．ランドスケープの価値の判定には，芸術家や文筆家のような，かつてその地域のランドスケープを知覚した証拠も参照される．また，判定に関わる追加的なフィールド・サーヴェイも必要で，ランドスケープの変化に対する傷つきやすさや要素について，レビューが求められる．

第6段階の判定は，その目的に応じて様々な取り組みが見られる．主なランドスケープ・アセスメントを含めた判定アプローチは，アウトプットとして，1) ランドスケープ戦略，2) ランドスケープ・ガイドライン，3) ランドスケープに関わる状況報告書，4) ランドスケープのキャパシティ，などにまとめられ，実行に移される．ランドスケープのステークホルダーの役割を明確にし，自治体は，これを用いて都市・田園計画行政に活用する．

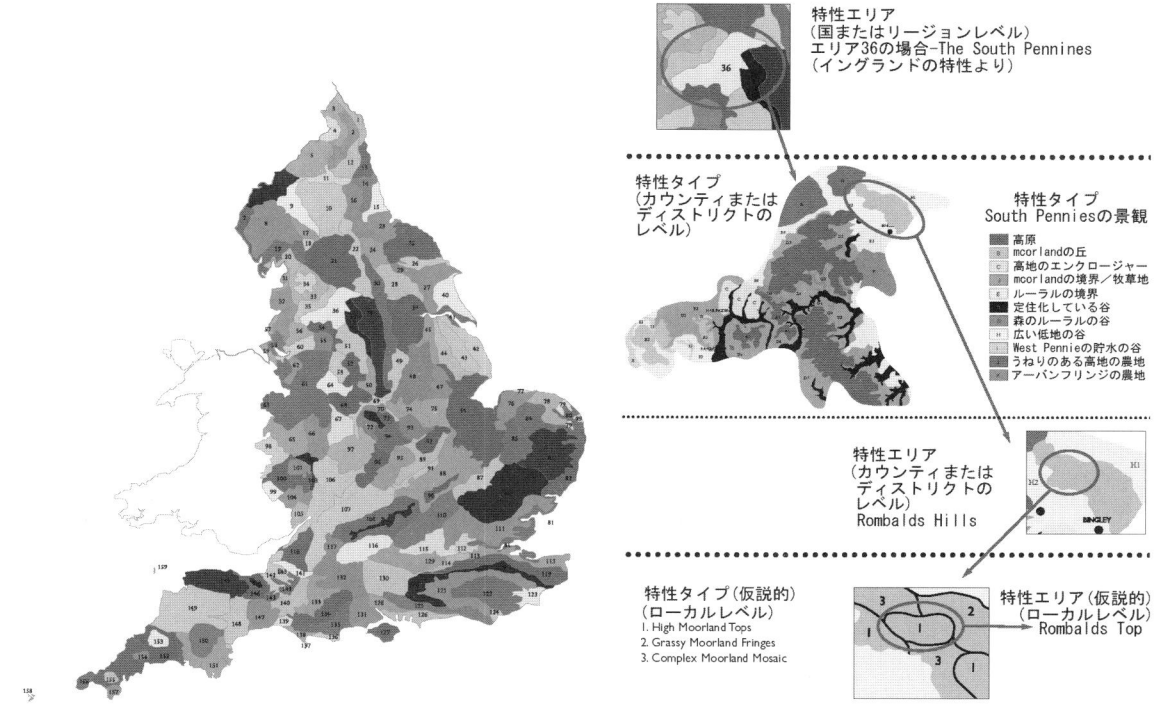

イングランド特性マップ．イングランド国土スケールをランドスケープの多様性から，159の特性エリアに区分している．

イギリスのランドスケープ特性エリアの区分方法．左右2点とも出典：Natural England (2002), LCA Guidance.

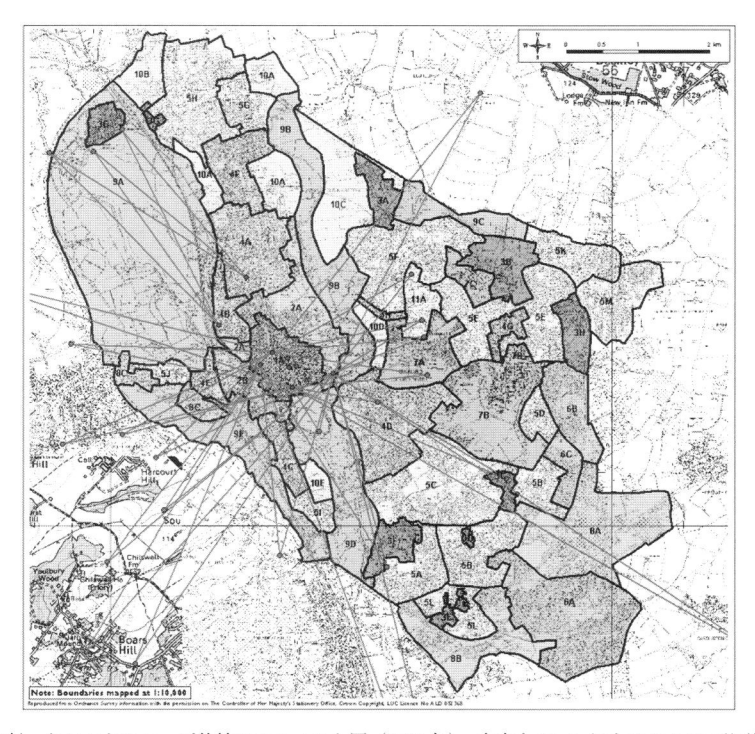

オックスフォード市が行ったランドスケープ特性アセスメント図（2002年）．市内を11タイプ52エリアの町並み特性エリアに区分，市内および市外の24ヵ所からの重要な眺望（開かれた眺望と描かれた歴史的眺望の両方）を「ビューコーン」として評価している．出典：文献42．Credit：Oxford City Council/Land Use Consultants.

2.3 ランドスケープの評価 | 49

25 歴史的ランドスケープ・キャラクタライゼーション

■イギリスの歴史的ランドスケープの読解

より広がりのあるランドスケープの歴史的特性を評価する方法は，イギリスの文化庁（English Heritage）によって，1999年までに「歴史的ランドスケープ・キャラクタライゼーション（Historic Landscape Characterisation：HLC）」として確立した．キャラクタライゼーションとは，地域を特徴づけるという意味である．

HLCは評価するエリアのスケールも大きく，リージョン，カウンティ，自治体の都市部を含む全域レベルで，ランドスケープの形成年代を特定している．HLCは前述の「ランドスケープ特性アセスメント」の一つの方法として位置づけられるが，HLCの場合は数千年から数百年単位で，より長い時間の奥行き（time-depth）をもったランドスケープの時間変化を捉える点に特徴がある．

ランドスケープは，その持続可能性から見て，過去のランドスケープも現在の中に引き継がれていると捉えられる．また，常に時代とともに変化することから，広い範囲で固定的にランドスケープ保存することは不可能である．長い時間をかけて変化してきたランドスケープの歴史性を尊重するとき，将来のランドスケープの変化をも認めなければならない．そこで重要なのは，ランドスケープをマネジメントするという考え方である．変化に任せるのではなく，適切な方向へ誘導していくという動態的な考え方である．GISによるHLCの作成と評価は，地方行政によって行われるが，国が補助金（約8割の負担）を出した結果，全国への普及が急速に広がった．

評価結果は，ランドスケープの保全や歴史遺産のマネジメント，都市計画に活用されている．また，海上についても「歴史的シースケープ・キャラクタライゼーション（Historic Seascape Characterisation：HSC）」が展開されている．

■HLCの10の原則

文化庁は，HLCの原則を以下のように定めている．1）歴史的なランドスケープも，現在のランドスケープを構成する要素であり，その時間的奥行きを現代に活かしていくこと．2）ランドスケープは点在する文化財の点データと異なり，面的なエリア・データとなることに留意し，エリア単位で研究や記録を行うこと．3）国土全域を対象とし，景勝地などの特別なエリアに限定しないこと．4）半自然の生物多様性は，古代からつながるランドスケープの考古学的特性の一つで，文化的であると捉えること．イギリスの自然の多くは，人間との相互関係が強く，森や生垣などと共生する生き物の生息圏を歴史上のものとして捉えている．具体的には歴史地図を用いながら，森や水系などの歴史的な位置づけを明確にする．こうした，自然と文化を分離せず，最初から総合的に一体として扱う点が重要だ．

また，認識レベルのおもしろい原則で，5）HLCの「キャラクタライゼーション」の意味が，地域の「翻訳」行為であり，ランドスケープへの理解のための「一つのアイデア」であって，必ずしも客観的でなくてよい．さらに6）人々の地域の見方を養うこと．専門家だけの認識ではなく，ランドスケープのパブリック性を考えることによって，「公共の利益」となるようなアイデアを重視している．7）ランドスケープは常に変化することを前提に，そのマネジメントを重視していること．8）HLCの評価プロセスを透明化すること．9）一般ユーザーへの配慮し，専門用語を用いないこと．最後に，10）イギリスの文化環境遺産の登録制度の文化財情報とHLCのデータの統合により，広域資源を把握，管理できる仕組みを整えることが，原則が書かれている．

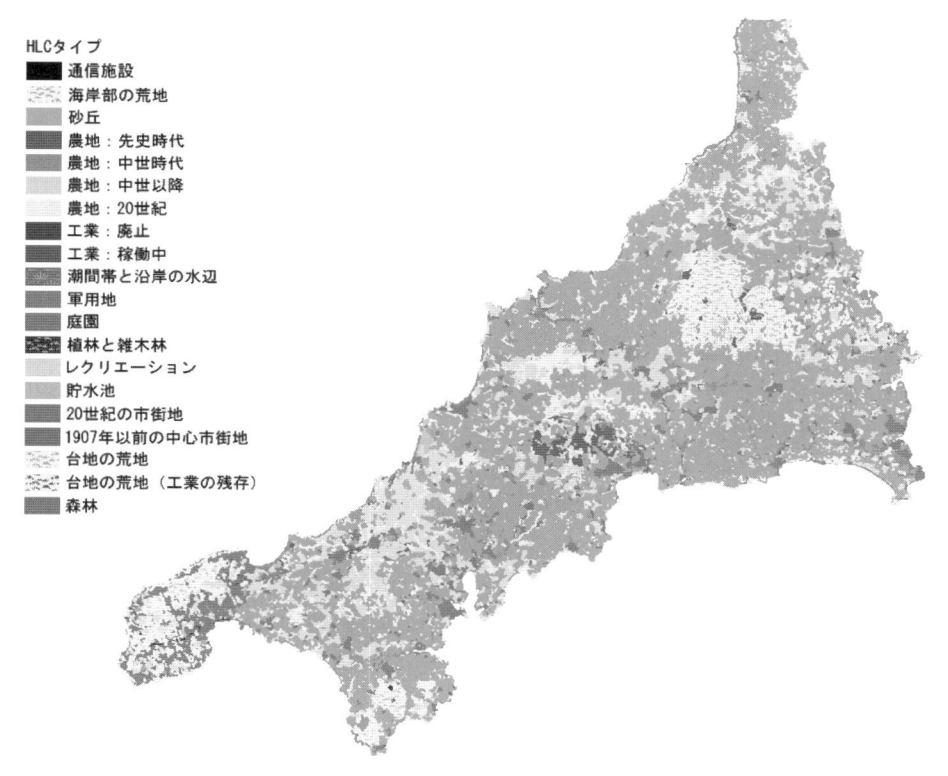

HLCタイプ
- 通信施設
- 海岸部の荒地
- 砂丘
- 農地：先史時代
- 農地：中世時代
- 農地：中世以降
- 農地：20世紀
- 工業：廃止
- 工業：稼働中
- 潮間帯と沿岸の水辺
- 軍用地
- 庭園
- 植林と雑木林
- レクリエーション
- 貯水池
- 20世紀の市街地
- 1907年以前の中心市街地
- 台地の荒地
- 台地の荒地（工業の残存）
- 森林

イギリスで最初に作成された歴史的ランドスケープ・キャラクタライゼーション（コーンウォール地方）1998年．出典：文献43, 44．Credit：Historic Environment Service, Cornwall Council（100049047）2011．

ロストウィ集落近郊の農地風景．古代遺跡の周りは中世の「鹿の園」だった．さらに周囲に古代のエンクロージャーが残っている．
Credit：Peter Herring．

2.3 ランドスケープの評価 | 51

26 鎌倉市の歴史的ランドスケープ・キャラクタライゼーション

■鎌倉の歴史的ランドスケープの読解

　鎌倉市中心部を例に「歴史的ランドスケープ・キャラクタライゼーション（HLC）」の手法を応用する．鎌倉ではイギリスのような「歴史的土地利用」と，江戸東京で紹介した「歴史的道路と街区の評価」を組み合わせて検討した．

　歴史的な地図と土地台帳は，明治初期以降のものが鎌倉国宝館や鎌倉市中央図書館近代史資料室で保管されている．① 1874～1875年，② 1931年，③ 1961年，④ 1966年を調べて現代と比較した．なお，1931年の地図は市街地のみの記録であり，農地や森林について記録がない．そこで，最も古い1949年の航空写真を用いて土地利用を復元した．

　鎌倉市中心部の寺社数は，研究エリア内でも合計44もある．このうち鎌倉時代までに建立した寺社は19に及ぶ．しかし，世界遺産の暫定登録リストにあるのは左上図の②鶴岡八幡宮，⑩建長寺，⑫浄光明寺と，段葛（若宮大路の盛り上がった部分）のみであり，「歴史的都市ランドスケープ（HUL）」がエリアとして評価考慮されてない．

■歴史的道路のキャラクタライゼーション

　そこで，古地図から読み取れる道路（または線路）の位置から，形成年代を特定した（右上図と左下表）．道路および線路は，全体の63%が1875年以前に既に形成されていることから，若宮大路だけでなく，周囲の路地においても少なくとも約140年以上の歴史的価値がある（鎌倉時代からの道路も含まれる）．特に，鶴岡八幡宮周辺，旧街道沿いに加え，谷戸部分も寺社付近の道路は歴史的なものが多い．

■歴史的街区のキャラクタライゼーション

　道路の年代特定をもとに，それによって囲まれる街区の形成年代を特定した（左下図と表参照）．結果は，総街区数346のうち43%（面積で45%）が1875年以前のものと特定された．歴史的街区は，鶴岡八幡宮と，若宮大路より東側に多い．

　しかし，観光客が訪れる飲食やみやげ物屋は，戦後に形成された小町通りで，観光客は歴史的街区を楽しんでいない．また，建長寺および妙本寺以外の谷戸（山裾の谷地）は，1966年の古都保存法を適用したにもかかわらず，宅地化によって街区の細分化がされたことがわかる．

■歴史的土地利用のキャラクタライゼーション

　「土地利用」の年代特定を，宅地，畑，水田，草地，森林，水路，寺社・墓地の表記がある年代で表記した（右下図と表参照）．5つの年代別の土地利用復元図をもとに，各年代の不変化の土地を特定し，いつ土地利用が安定したのかを抽出した．

　その結果，1875年以前から安定的に続く土地利用の面積は，全体の56%を占めていることがわかった．したがって，鎌倉市の明治初期以前の歴史的土地利用景観は半分以上残されている．中でも，森林や寺社周辺に広く残っている．

　前述の歴史的道路や歴史的街区と重ねてみれば，エリアとして歴史的価値を有していることが明らかで，関東の都市では希である．こうしたエリアの広がりを有する歴史性を，正当に評価することが重要である．鎌倉市では単体の文化財だけでなく，「歴史的都市ランドスケープ」も重要な文化財の一つと認識すべきである．

　歴史的ランドスケープ・キャラクタライゼーションの評価方法は，歴史的資料などの証拠に基づく客観的な特定方法であり，歴史的都市ランドスケープを日本でも読み取ることが可能である．鎌倉市以外でも，歴史を尊重したまちづくり，景観計画の立案に活かすべきである．

鎌倉市中心部の寺社の分布図．出典：文献45．宮脇研究室作成．

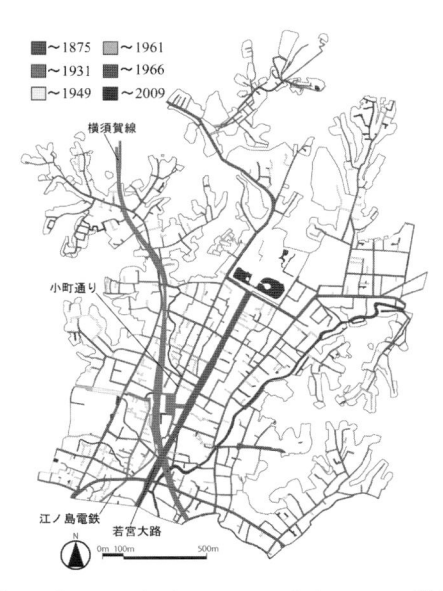

歴史的ランドスケープ・キャラクタライゼーション（道路と線路の評価）．出典：文献45．宮脇研究室作成．

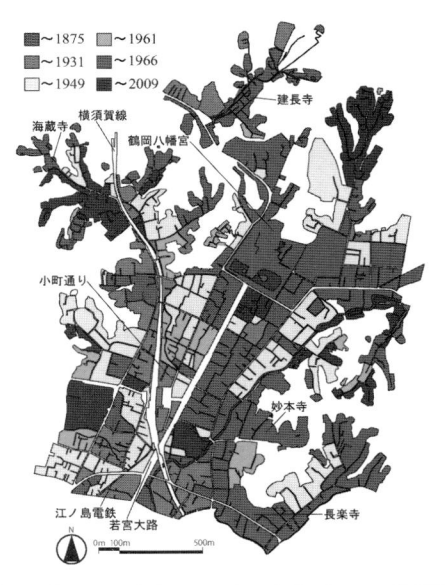

歴史的ランドスケープ・キャラクタライゼーション（街区評価）．出典：文献45．宮脇研究室作成．

歴史的ランドスケープ・キャラクタライゼーション（土地利用評価）．出典：文献45．宮脇研究室作成．

形成年代別の道路および線路の割合

形成年代（年）	～1875	～1931	～1949	～1961	～1966	～2009	計
面積（ha）	70.27	23.24	8.97	3.2	0.63	5.28	111.59
割合（％）	63.0	20.8	8.0	2.9	0.6	4.7	100.00

形成年代別の街区数と面積の割合

形成年代（年）	～1875	～1931	～1949	～1961	～1966	～2009	計
街区数	148	47	72	31	8	40	346
街区数割合（％）	42.8	13.6	20.8	9.0	2.3	11.6	100
面積（ha）	91.11	24.74	46.42	12.64	2.32	27.63	204.86
割合（％）	44.5	12.1	22.7	6.2	1.1	13.5	100.00
平均面積（ha）	0.62	0.53	0.64	0.41	0.29	0.69	0.59

形成年代別の土地利用の割合

形成年代（年）	～1875	1931～1949	1961	1966	2009	合計
面積（ha）	185.55	79.81	53.20	5.74	19.25	343.54
割合（％）	54.0	23.2	15.5	1.7	5.6	100.0
道路・線路面積（ha）	70.27	32.21	3.2	0.63	5.28	111.59
道路・線路割合（％）	63.0	28.9	2.9	0.6	4.7	100.0
年代別土地利用面積＋道路線路面積（ha）	255.82	112.02	56.40	6.37	24.53	455.13
歴史的土地利用割合（％）	56.2	24.6	12.4	1.4	5.4	100.0

2.3　ランドスケープの評価

27 ランドスケープと経済評価
金沢，倉敷の地価のヘドニック分析

■ランドスケープ規制の地価への影響

ランドスケープ整備の経済効果を定量的に評価するため，建築規制に起因する地価の変動に着目する地価関数を推計する．ヘドニック・アプローチを用いるが，これは，市場における消費者の満足度の指標となる．

地価関数の推計の手順は以下のとおりである．

1) 地価データを目的変数，地価を決定する様々な要因を説明変数として仮定する．

2) 仮定した説明変数間の相関関係を検討して，多重共線性を防ぐため相関関係の高いものを除き，説明変数を選定する．

3) 選定された説明変数について重回帰分析を行い，t値が低い説明変数，係数の符号があらかじめ想定される符号と逆になる説明変数を除き，地価関数を推計する．

4) 推計にあたり，関数型の選択は，a) 線形，b) 片対数（説明変数の対数）の両方を計算したうえで，修正済み決定係数の高い方を採用する．地価には固定資産税路線価などを用いる．

■金沢市伝統的建造物群保存地区周辺

金沢市では，「東山ひがし地区」および「主計町地区」が伝建地区に指定されている．前述の市域全域の分析では，伝建地区に指定されることが地価にどのような経済効果を与えているかについて，約 500 m × 300 m（15 ha）の範囲を対象として地価関数を推計した（2006 年）．目的変数は，伝建地区内に十分な地価ポイントが含まれるように，対象地域を 50 m ごとにプロットした 62 ポイントの敷地物件を対象とした．

説明変数間の相関を調べた結果，他との相関が高い 7 変数を除いた 14 変数で地価関数を推計した．全組み合わせにより推計したところ，地価を説明できる説明変数として 4 変数（前面道路幅員，高度地区 12 m ダミー，接道方位西ダミー，高度地区 31 m ダミー）が採用された（上表参照）．関数型は片対数で，修正済決定係数は 0.7020．

結果を要約すると，①前面道路幅員が 1 m 広いと 22002 円/m^2 上昇する，②高度地区 12 m 区域内に位置していると 14842 円/m^2 上昇する，③高度地区 31 m 区域内に位置していると 7387 円/m^2 上昇する，④接道方位が西側だと 3390 円/m^2 下落する．つまり，伝建地区の周辺に限れば，高さ規制がある方が地価は高いという興味深い結果を得た．

■倉敷市倉敷川畔周辺

倉敷市では，倉敷川畔が伝建地区に指定されている．調査対象範囲は，倉敷駅前から伝建地区が含まれる地域である，約 1000 m × 1000 m（100 ha）の範囲とする．対象範囲を 100 m ごとにプロットした 95 ポイント（鶴形山を除く）を対象とした（2006 年）．

多重共線性を防ぐため説明変数間の相関を調べた結果，相関が高い 5 変数を除いた 10 変数で地価関数を推計した．全組み合わせ法により推計したところ，地価を説明できる説明変数として 3 変数（重伝建地区ダミー，前面道路幅員，倉敷駅からの距離）が採用された．関数型は片対数で，修正済決定係数は 0.6130 であった．

結果を要約すると，①重伝建地区内に位置していると 86330 円/m^2 上昇する，②前面道路幅員が 1 m 広いと 57221 円/m^2 上昇する，③倉敷駅からの距離が 1 m 長いと 37185 円/m^2 下落する．つまり，伝建地区の規制が，地価を最も上昇させる要因となっている．

以上のように，伝建のような質の高い歴史的ランドスケープ規制が，プラスの経済効果を有しており，一概に規制が経済に不利益とはいえない．

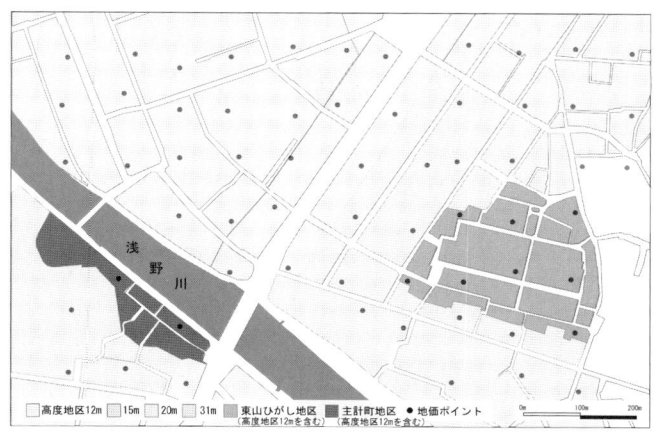

	偏回帰係数	標準偏回帰係数	t値	単相関
前面道路幅員（m）	22.002	0.6387	10.120	0.752
高度地区 12 m ダミー	14.842	0.3404	7.570	0.562
高度地区 31 m ダミー	7.387	0.2238	2.056	0.153
接道方位西ダミー	−3.390	−0.1402	1.762	−0.110
定数項	40.502		10.993	

金沢市の重伝建地区である東山ひがし地区の茶屋街の風景（写真）と，ヘドニック分析に用いたグリッド上の任意の地価評価ポイントの位置．表はヘドニック分析結果．容積率は，高さ規制が広く掛かっているため，最終的に採択されなかった（2006年）．2011年に卯辰山麓伝統的建造物群保存地区が追加されている．出典：文献46.

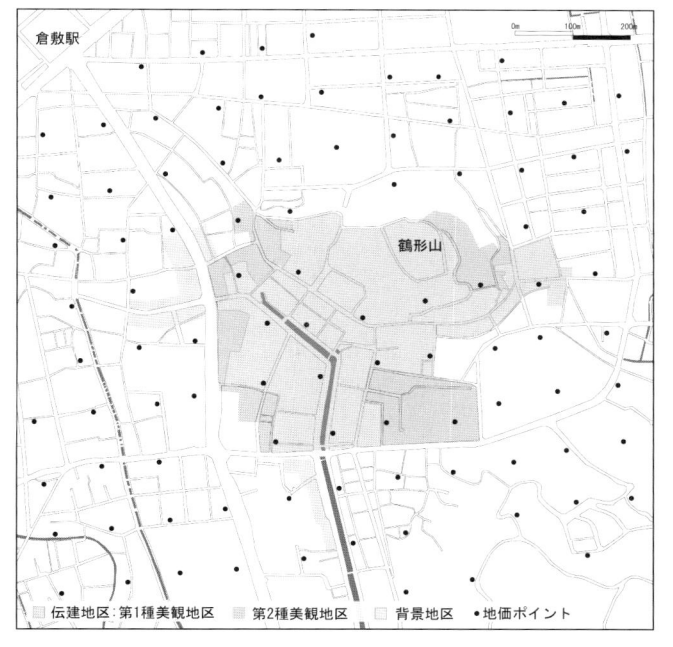

	偏回帰係数	標準偏回帰係数	t値	単相関
重伝建地区ダミー	86.330	0.542	7.724	0.4920
前面道路幅員（m）	57.221	0.415	5.817	0.4963
倉敷駅からの距離（m）	−37.185	−0.382	5.320	−0.4057
定数項	221.060		4.338	

倉敷市の重伝建地区である蔵の倉敷川沿いの町並み風景（写真）と，ヘドニック分析に用いたグリッド上の任意の地価評価ポイントの位置（2006年）．2009年に策定された倉敷市景観計画により，背景地区は眺望保全地区として拡大されている．出典：文献46.

28 市民参加と社会的評価
オホーツクのワークショップ

■**オホーツクまちなみワークショップ**

2000年から26市町村（当時）が共同し，市民と行政がまちなみを議論した．西村幸夫（東京大学）が発案したもので，地域の住民と行政による共同ワークショップを通じて，地域から計画づくりを起こす方法論を示すものだ．

3日間の合宿のような集中ワークショップが年に一度，オホーツク地方のいずれかの地域に入って行われた．最大の成果は，地域の有志ネットワークを形成し，当たり前のようにある風景の希少性や価値を再発見したことである．市民や行政が，地域のランドスケープ価値を認識することによって，初めて意味のある風景計画づくりができる．

例えば，上湧別地域に多数発見された赤レンガの建築物やサイロには，日本全体でも貴重な価値があることが，専門家からアドバイスされた．

世界遺産の知床をはじめ，市民が地域を再評価し，行政と協力しながら，共有されることが期待される．

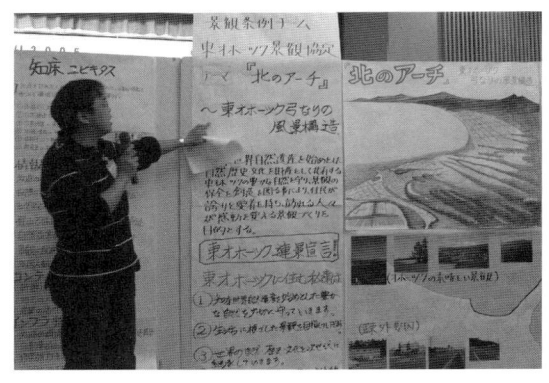

2005年ワークショップの発表会より．オホーツク全体の提案．

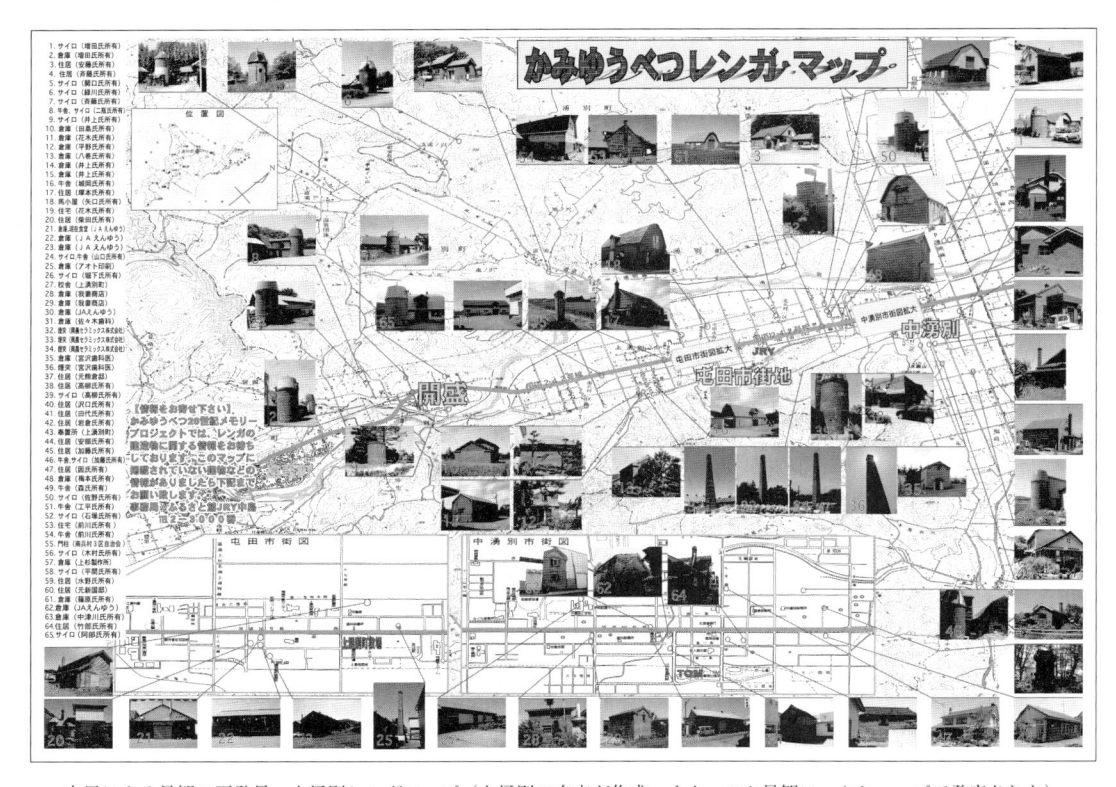

市民による景観の再発見．上湧別レンガマップ（上湧別の有志が作成，オホーツク景観ワークショップで発表された）．

56 | 2. ランドスケープの特性と知覚

3

風景計画
Landscape Planning

3.1 ランドスケープ・プラン（広域の風景計画）
3.2 アーバン・ランドスケープ・プラン（都市の風景計画）
3.3 歴史的ランドスケープの評価と危機

29 ランドスケープ・プランニング
風景計画とプランナー

■ランドスケープのプランニング

ランドスケープ（風景）をプランニングするためには，都市を計画するのと同様に，専門家であるプランナーが必要である．ただし，都市と大きく異なるのは，建築物，土木構造物などの人工物だけでなく，水辺，庭園，農地，森林に至るあらゆる土地を保全し，活用プランニングする能力も求められることである．生態系の保全も考慮する必要があり，人間と動物の平等も考慮しなければならない．

したがって，工学的あるいは経済的発想だけでは不十分で，「サステナビリティ（持続性）」の概念，すなわち，経済的，社会的側面に加えて，環境的側面を平等に考慮する発想を，プランで実現する必要がある．

実際，海外ではランドスケープ・プランニングは具体化されている．例えば，イタリアのボローニャ県のプランニングでは，持続可能性を背景に，広域計画にランドスケープの側面を導入した先進事例（2004年計画決定）である．さらには，エコロジーのプランもつくられていて，共存している．ランドスケープは，視覚上の側面以外にもエコロジーの概念が含まれる．

こうしてランドスケープやエコロジーを，地域活性化する都市開発や環境に優しい交通計画と組み合わせ，環境に配慮したまちづくりを総合的に行うことが重要となっている．

■ランドスケープの「歴史性」と「公共性」

歴史性は，欧州で究極の持続可能性といわれている．しかし，ランドスケープは変化していく．農地でも作物は時代とともに変化することは許容されるだろう．荒廃や都市化せずに，農地として持続されることが重要である．この意味で，変化する歴史的ランドスケープを，時代とともにに許

ボローニャ県広域計画を作成したピエロ・カバルコリ部長．

容範囲で「マネジメント（管理）」していく考え方が重要である．そのうえで，歴史的特性上重要な風景については保護エリアを定め，急激な変化を起こさないよう，十分配慮，管理していくことが，ランドスケープ・プランニングの目標となる．

歴史性は，自然環境だけでなく，人々が歴史上作り出してきた人工物の遺産価値をプランニングの中で明確に位置づけるものである．したがって，ランドスケープの歴史的側面の配慮，文化的価値は，公共的福祉，公共的風景利益，その国や地域の歴史を物語るうえで重要な証拠として，個人の所有権や自由を制限してまでも，規制を加えて持続性を求めることが欧州の法律で一般化している．

■ランドスケープ・プランナー

ランドスケープ・アーキテクト（造園家）という職能が確立しているが，都市を超える地域全体スケールの「ランドスケープ・プランナー」は日本でも必要である．従来のプランナー（建築や都市計画，造園を背景にした実務家）と行政の双方の意識改革，市民や政治家の環境への意識強化が，風景計画（ランドスケープ・プラン）をつくるうえで，まず必要である．プランナーには，専門分野を超えた総合調整能力が不可欠である．

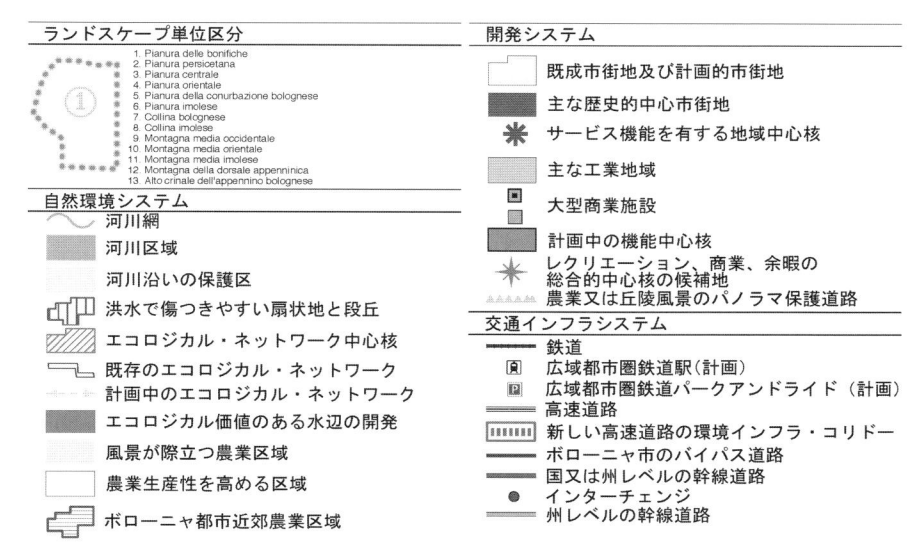

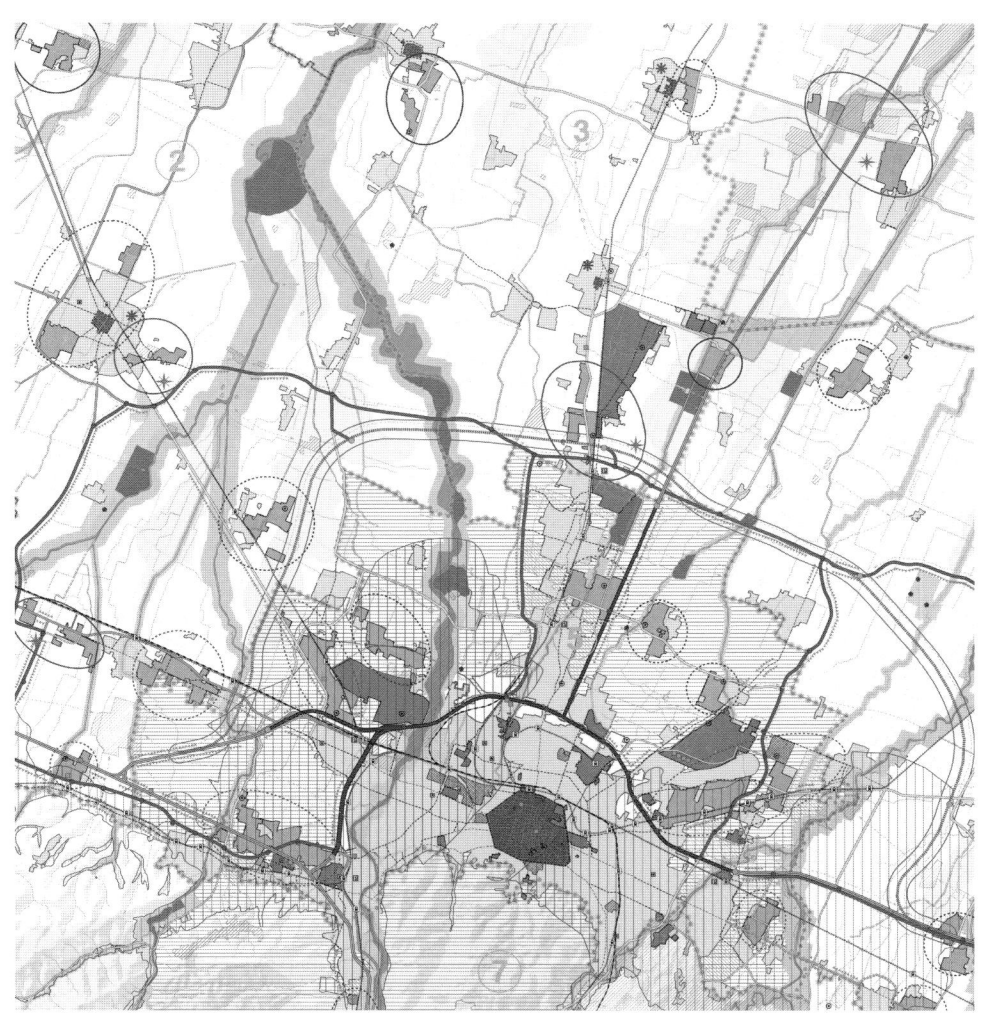

ランドスケープ単位区分
1. Pianura delle bonifiche
2. Pianura persicetana
3. Pianura centrale
4. Pianura orientale
5. Pianura della conurbazione bolognese
6. Pianura imolese
7. Collina bolognese
8. Collina imolese
9. Montagna media occidentale
10. Montagna media orientale
11. Montagna media imolese
12. Montagna della dorsale appenninica
13. Alto crinale dell'appennino bolognese

自然環境システム
- 河川網
- 河川区域
- 河川沿いの保護区
- 洪水で傷つきやすい扇状地と段丘
- エコロジカル・ネットワーク中心核
- 既存のエコロジカル・ネットワーク
- 計画中のエコロジカル・ネットワーク
- エコロジカル価値のある水辺の開発
- 風景が際立つ農業区域
- 農業生産性を高める区域
- ボローニャ都市近郊農業区域

開発システム
- 既成市街地及び計画的市街地
- 主な歴史的中心市街地
- サービス機能を有する地域中心核
- 主な工業地域
- 大型商業施設
- 計画中の機能中心核
- レクリエーション、商業、余暇の総合的中心核の候補地
- 農業又は丘陵風景のパノラマ保護道路

交通インフラシステム
- 鉄道
- 広域都市圏鉄道駅（計画）
- 広域都市圏鉄道パークアンドライド（計画）
- 高速道路
- 新しい高速道路の環境インフラ・コリドー
- ボローニャ市のバイパス道路
- 国又は州レベルの幹線道路
- インターチェンジ
- 州レベルの幹線道路

ボローニャ県広域計画総合図（都市開発と交通だけでなく，ランドスケープとエコロジーを含む総合的なプラン，2004年計画決定）．
出典：文献49．Credit：Provincia di Bologna.

3.1 ランドスケープ・プラン（広域の風景計画） | 59

30 自然地理学的特性
阿蘇山と宍道湖

■**自然地理学的特性によるエリア区分**

多くの場合，ランドスケープのエリア特性区分は，この自然地理学的特性によって行われる．自然地理学的視点からランドスケープを見れば，そのスケールの大きさにも特徴がある．社会コミュニティ単位である市町村域を超えて，自然は存在している．一つの山や一つの水辺が行政区域に分けられたりする．このとき，ランドスケープを計画するうえで，しばしば市町村より大きなスケールで，風景行政が必要となる．

■**阿蘇山のランドスケープ・プラン**

山のランドスケープを考えるうえで，熊本県の事例を用いると，阿蘇山とそのカルデラ地形に根づいた田園の美しい風景が思い起こされる．このランドスケープ全体は，広大な国立公園の指定（阿蘇地域で 54368 ha）を受けていて，中央火口丘，火口原，外輪山の地形からなる．公園内は，特別保護地域，特別地域，普通地域の管理計画が立てられ，保全のためのランドスケープ・プランの役割を果たしている．

具体的な規制は審査指針が定められ，中央火口丘や外輪山の特別保護地区と特別地域において，新築，増築，改築の建築行為は届出をし，許可を受ける必要がある．地元農家による農産物の販売所も，10 m² 以下に限られる．道路，電柱，送電鉄塔，携帯電話基地局，アンテナ，ダム，広告も制限している．

一方，農地や集落がある火口原地区を占める普通地域は，国立公園であっても制限が極めて緩く，具体性に欠ける．そこで，南阿蘇地域に限って，1987 年の比較的早い段階から，景観条例に基づく行政が行われてきた．現在は法定の熊本県景観計画（2000 年策定）により，ちょうど国立公園の普通地域に相当するエリアにおいて，県の景観条例届出制度を用いて，具体的で，詳細な建設指導をしている．

このように，国を代表するランドスケープは国立公園管理計画を，また県を代表するランドスケープは県の景観計画を用いることが考えられる．そのランドスケープのスケールの大きさと計画主体の関係がそれぞれであるが，本来は市町村も，よりきめ細かい地域独自の関心に応じて景観行政を重ね合わせるべきであろう．

■**宍道湖のランドスケープ・プラン**

水辺のランドスケープを考える例として，島根県の宍道湖を取り上げる．バブル期，宍道湖内に開発計画が起こり，それを契機に宍道湖畔を守るための景観条例が 1991 年に制定された．一つの湖を取り巻く自治体は当時 5 自治体に及び，それぞれの自治体の景観行政は滞っていた．そこで，島根県が湖水面および沿岸 200 m 幅を基準に県の届出制度を開始した．

水際線から 200 m 幅を水辺のコントロール域に設定した根拠は，人が建物の圧迫感を感じなくなる仰角の限界値 4.42°と大規模建築高さ 13 m という定義から算出した距離である．ランドスケープの保全区域幅は，このような算出に寄らずとも，海外の事例を見ると様々ある．いずれにせよ，沿岸の複数の自治体をまたいで，水辺のランドスケープを一体的に保全する範囲を特定することが重要である．

景観法制定以降，基礎自治体が景観行政団体になった場合，県の了解の下，景観計画の策定はその市町村に権限が移行される．島根県の宍道湖周辺の場合，市町村合併を経て，斐川町を除く，松江市と出雲市の景観計画が策定され，県と同じ指導が引き継がれている．築地松も美しい地域で，協定の取り組みも注目される．

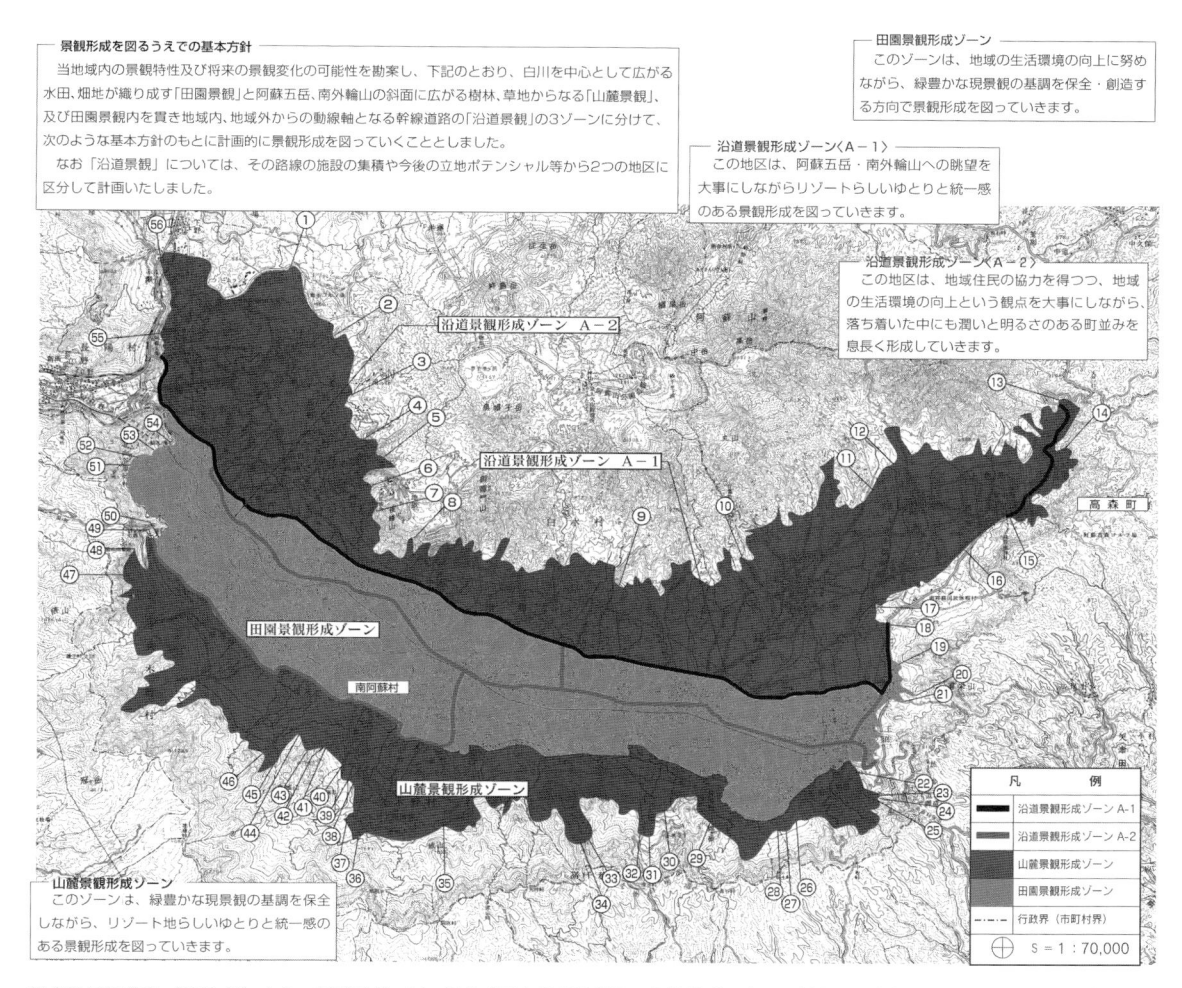

―― 景観形成を図るうえでの基本方針
当地域内の景観特性及び将来の景観変化の可能性を勘案し、下記のとおり、白川を中心として広がる水田、畑地が織り成す「田園景観」と阿蘇五岳、南外輪山の斜面に広がる樹林、草地からなる「山麓景観」、及び田園景観内を貫き地域内、地域外からの動線軸となる幹線道路の「沿道景観」の3ゾーンに分けて、次のような基本方針のもとに計画的に景観形成を図っていくこととしました。
なお「沿道景観」については、その路線の施設の集積や今後の立地ポテンシャル等から2つの地区に区分して計画いたしました。

―― 田園景観形成ゾーン
このゾーンは、地域の生活環境の向上に努めながら、緑豊かな現景観の基調を保全・創造する方向で景観形成を図っていきます。

―― 沿道景観形成ゾーン〈A-1〉
この地区は、阿蘇五岳・南外輪山への眺望を大事にしながらリゾートらしいゆとりと統一感のある景観形成を図っていきます。

―― 沿道景観形成ゾーン〈A-2〉
この地区は、地域住民の協力を得つつ、地域の生活環境の向上という観点を大事にしながら、落ち着いた中にも潤いと明るさのある町並みを息長く形成していきます。

―― 山麓景観形成ゾーン
このゾーンは、緑豊かな現景観の基調を保全しながら、リゾート地らしいゆとりと統一感のある景観形成を図っていきます。

熊本県景観計画（2000年）より．阿蘇地域では，国立公園と役割分担し，自然地形に応じ山麓と田園景観にゾーン分けして指導している．阿蘇地域の写真はカバーを参照．出典：文献50．

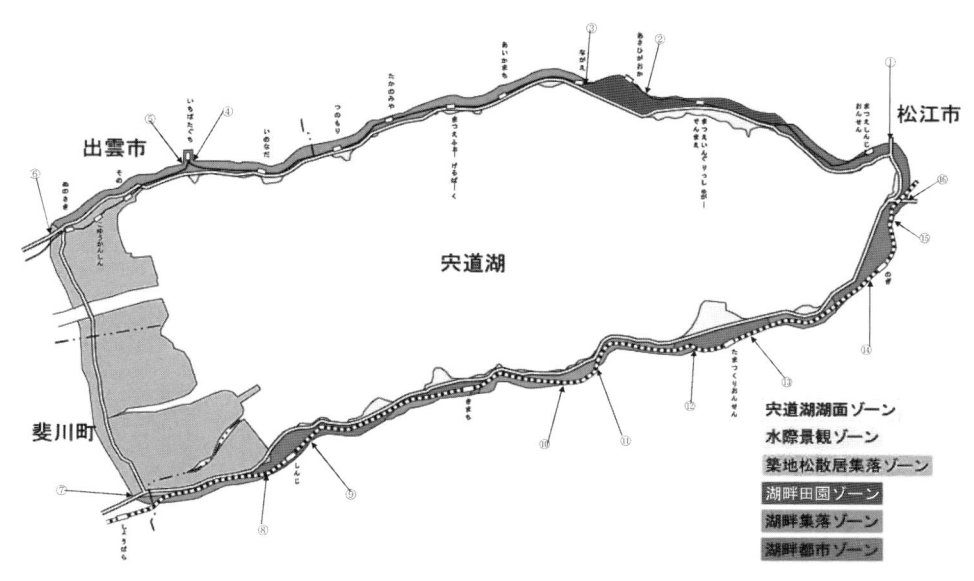

島根県景観条例（1991年）より．宍道湖周辺200mを基準に，水辺の開発行為に対し，届出指導を行っている．出典：文献51．

3.1 ランドスケープ・プラン（広域の風景計画） | 61

31 歴史的特性
イタリアのラツィオ州

■ **歴史的ランドスケープの文化的価値**

都市だけでなく，田園や森など各地のエリアにも歴史があり，歴史的な価値を有している．対象の範囲が広いエリアに及ぶこともあり，単体の文化財のように保存が容易ではない．

それが観光地のように経済価値にも利用できる場合だけでなく，農地の中の遺跡や水路などもまた環境価値として捉えることが必要である．歴史的特性とは，「持続可能性」そのものである．歴史上持続できたもののみが，現在に残っているからである．

この歴史的特性を文化的価値として明確に捉えてきた国としてイタリアがある．1947年に世界で初めて憲法第9条にランドスケープの歴史的，芸術的価値を認めた．さらに，法律では保護の対象を「文化遺産」とし，それは「文化財」と「ランドスケープ財」からなると定義した（ウルバーニ法典，2004年）．将来の世代に，国の責任をもって引き継がれるよう，公共的利益とされる「ランドスケープ財」を定めているのが特徴である．

■ **歴史的ランドスケープのプランニング**

ランドスケープの文化的価値を，実際のプランニングに活用するのが，ランドスケープ・プラン（風景計画）である．それは，人が歴史上作り出してきた歴史的価値を，現代の広域上位計画の中で明確に位置づけるものである．

歴史的，文化的価値は，保護しなければ容易に破壊される危険性も有している．このため，個人の所有地であっても，その国や地域の歴史を物語るうえで重要な証拠は，公共の利益を優先し，個人の自由を制限する規制を加え，持続性を義務づける考え方が，憲法だけでなく，法律で明確にしている（ウルバーニ法典，2004年）．

しかし，広いエリアに及ぶランドスケープの変化を完全に止めて保存することは不可能である．そのため，変化する歴史的ランドスケープを，時代とともにふさわしい方向へ，ゆっくりとマネジメントしていく考え方が取られている．

風景計画は，長期的なビジョンを土地利用規制に具体化したものであり，歴史的特性上保護が必要なものは，すべてあらかじめ地図上で特定し，開発圧力に対抗しなければならない．

■ **ランドスケープ財の特定**

ランドスケープ財を特定する際，法で種類が定義されている．「ランドスケープ財」とは，「文化財」と異なるカテゴリーで，a）自然美，b）別荘と庭園，c）歴史的市街地，d）眺望（パノラマ），からなる．地方の特性に応じて，「ランドスケープ財」の種類をさらに追加定義できる．

例えば，イタリアのローマ市を含むラツィオ州のランドスケープ・プランでは，エリアの「ランドスケープ財」の特定と登録が行われている．そのタイプは，面的，線的，点的な要素に分かれるが，自然ランドスケープと，遺跡や庭園などの歴史的ランドスケープが広く特定されている（上図参照）．

ヴィッラ・アドリアーナ遺跡と周辺は，風景計画でランドスケープ財として，風景保護エリアに特定されている．

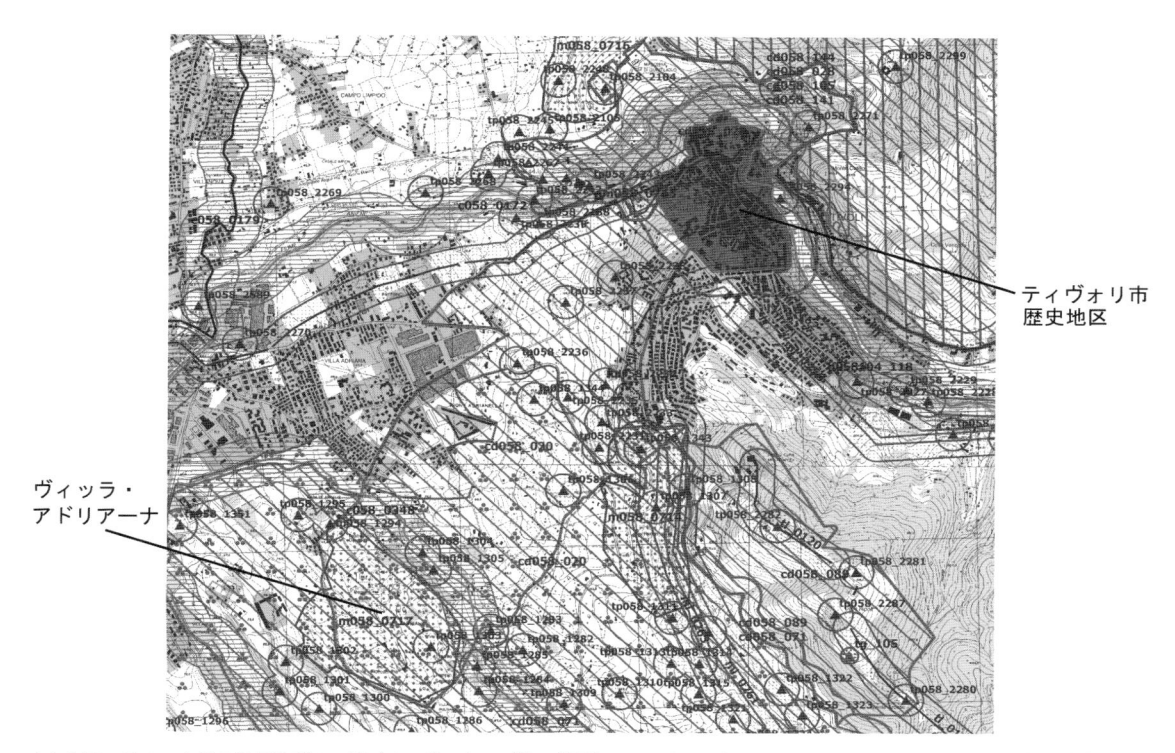

イタリア・ラツィオ州の風景計画の一例（ランドスケープ財の保護）．ティヴォリとヴィッラ・アドリアーナ周辺の場合，斜線で囲われているエリアが，ランドスケープ保護の特定エリアである．考古学遺跡，河川，森林，田園がそれぞれナンバリングされて登録されている．これら保護エリアの土地で，開発は原則許可されない．出典：文献 52. Credit：Regione Lazio.

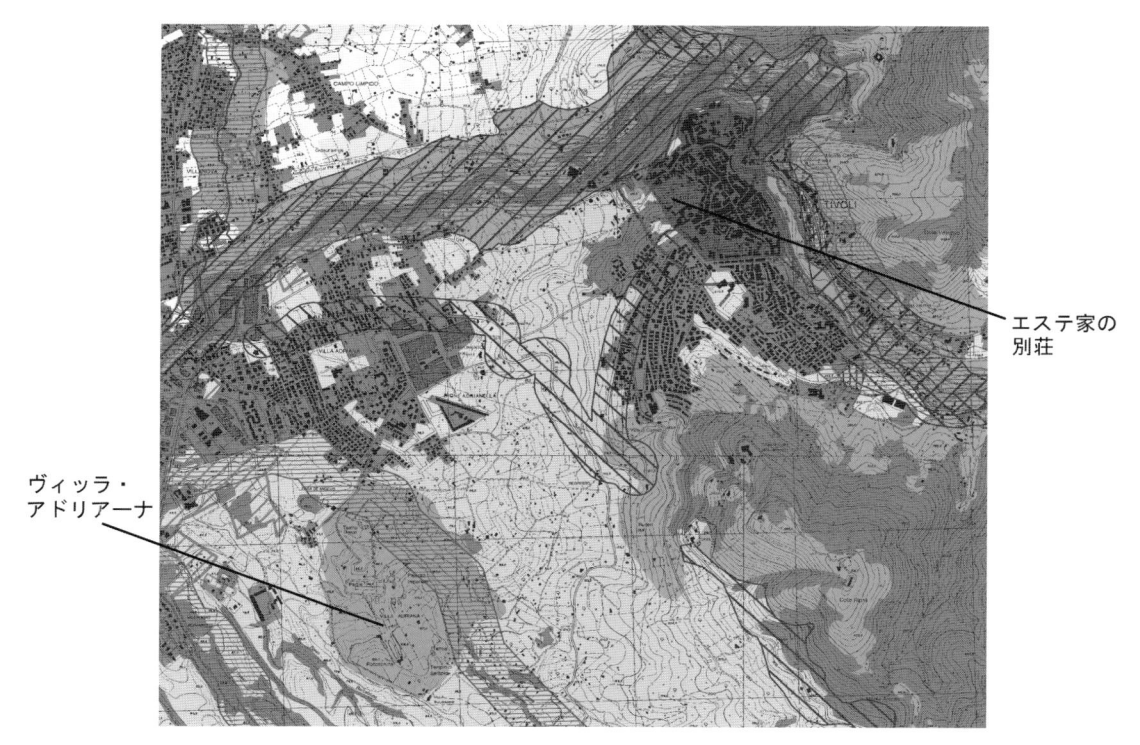

同上の風景計画の一例（規制と整備）．ランドスケープの特性エリアごとに整備方針が立てられている．エステ家の別荘（ヴィッラ・デステ），歴史的市街地およびその周囲 100 m，ヴィッラ・アドリアーナ遺跡などにランドスケープ規制が示されている．出典：文献 52. Credit：Regione Lazio.

3.1　ランドスケープ・プラン（広域の風景計画） | 63

32 広域の眺望
ロンドンと東京都

■ **大ロンドン都市圏の戦略的眺望**

大ロンドン都市圏行政による戦略的眺望保全は，1992年から始められた．基礎自治体は，それぞれの都市計画に眺望保全措置を反映させる．眺望点は，すべてが公園などパブリックアクセスの可能な場所とされている．保全は，眺望点と対象との間の建物の高さ規制によって行われる．具体的に保全対象となる建築物は，セントポール大聖堂と国会議事堂である．そのランドマーク性を遮ることなく眺望を保存する．高さ制限を超える建物については原則建築禁止となり，既存不適格建築物については建て替え時に適用される．シティ区には，さらに区独自の近景（ローカル・ビュー）の眺望保全規制もある．最近の超高層ブームに対し，効果が見られる．

■ **大ロンドン広角眺望アセスメント区域**

各眺望点の両側に眺望限界点を設定し，それらと対象ランドマークであるセントポール大聖堂と国会議事堂の幅300 mを囲んだ内側の区域に，高さ規制を行うものである．これは，ビルの谷間にランドマークが顔を覗かせるのではなく，一定の広がりをもって対象のランドマークを望むことを可能にするためである．眺望に影響を与えると思われる開発は不許可とされる．

■ **大ロンドン背景協議区域**

眺望点（正確には眺望限界点）から見て，対象物の背後に指定される区域．奥行きの距離は眺望によって異なり，2.5〜4 kmで設定されている．目的は，ランドマークの後ろに屏風のような建築物が建設されることを避け，ランドマークそのもののスカイラインを維持するためであり，一定の高さを超える開発を抑制する効果がある．セントポール大聖堂の場合，幅440 mに拡大される．

■ **東京都の眺望景観保全**

東京都は，2006年に東京都景観計画を策定し，その中に眺望景観の保全を意図した大規模建築物などの事前協議制度を導入した．きっかけは，2005年に絵画館の背後に計画されたマンションに対する景観論争であった．そこで都の対策として，大ロンドンの戦略的眺望保全と同様，基礎自治体域を超える影響幅があり，大規模建築物を指導している広域行政体の東京都が主導して，眺望景観をコントロールする考え方が取り入れられた．基礎自治体である関係区は，その都市計画や景観計画において眺望景観を考慮するとともに，事業者は東京都と事前協議を行い，影響が出ないように配慮しなければならない．また，都の環境影響評価でも，景観の評価があるが，景観計画の基準が根拠となる．

■ **東京都の眺望保全のための基準**

東京都景観計画に基づく基準の中で，眺望に関する特徴は，保全する建築物に国会議事堂，迎賓館，絵画館，東京駅の4つを挙げている点である．眺望保全は，そのシンメトリックな外観の中央部分を中心に，一定幅の背後に建つ建築物をコントロールするものである．

具体的な協議は景観誘導区域で行われ，距離に応じてA，B，C区域に分けられている．AおよびB区域には高さ規制が基準付けられているものの，保全する建築物から2〜4 km離れるC区域には高さ基準はない．このため，大久保3丁目の再開発地区計画による160 mの高層建築（地区計画の最高高さ150 m，2002年決定）が，絵画館の背後に将来見え，絵画館の眺望が再び危ぶまれる．眺望景観のシミュレーションや協議が一般開示されていないため，どの程度の影響なのかも一般には理解できないのが問題だ．

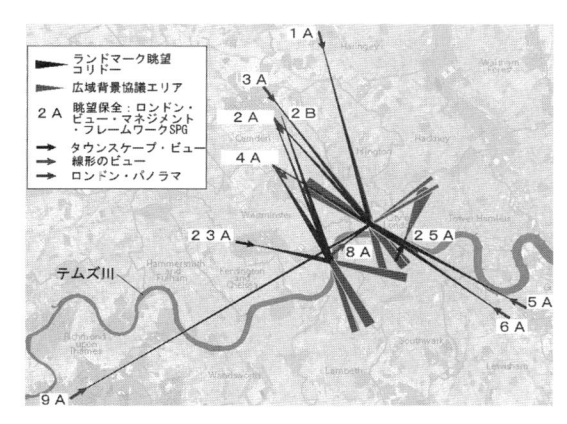

セントポール大聖堂と国会議事堂の眺望．出典：文献53．

シティ区の眺望・建築物の高さコントロール．出典：文献54．

ミレニアム・ブリッジからセントポール大聖堂への眺望．

国会議事堂（1936年建造）への眺望保全．

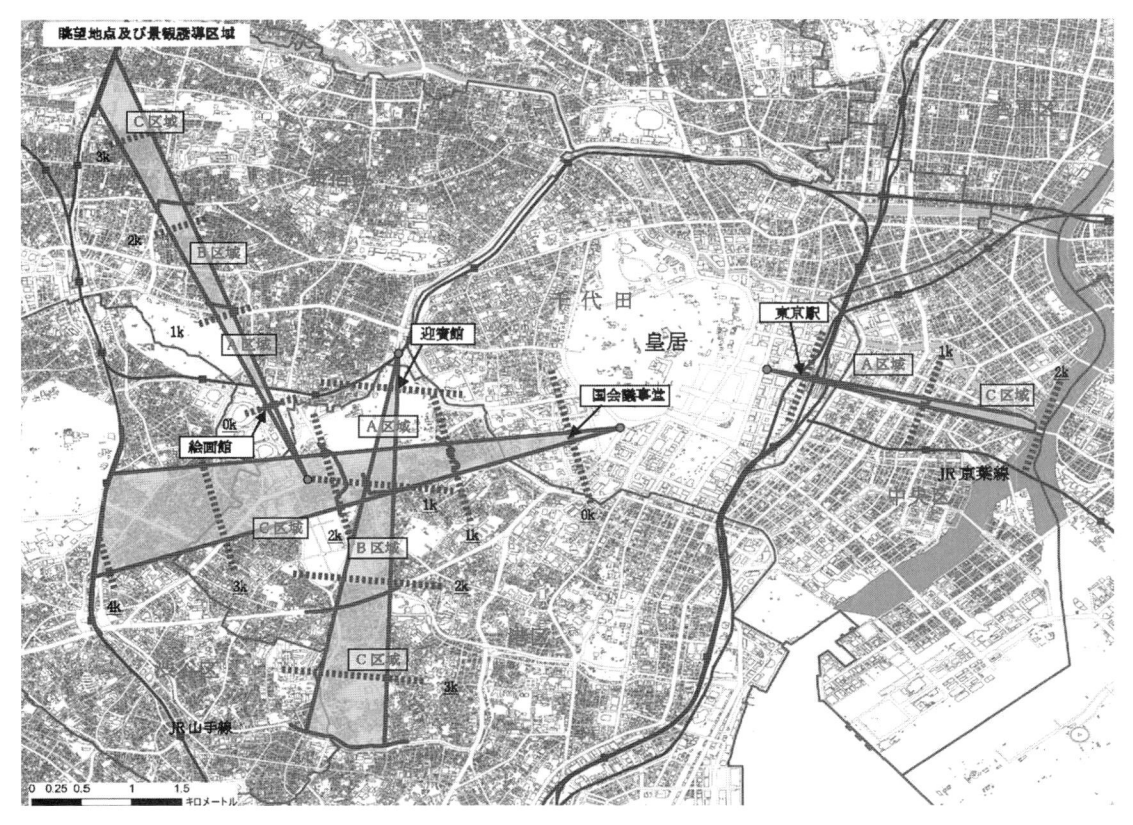

東京都景観計画（2011年改訂）における眺望景観誘導区域の設定．視点場は道路からとなっていて，4つの建築物（国会議事堂，迎賓館，絵画館，東京駅）のランドマーク性の保全に役立てている．出典：文献55．

3.1 ランドスケープ・プラン（広域の風景計画） | 65

33 市内の眺望（ローカル・ビュー）
倉敷市，金沢市，京都市

■倉敷市の眺望保全

　早くから景観条例（1968年）を定めた倉敷市は，倉敷川沿いに白壁と本瓦の美しい蔵の並ぶ風景を守るため，独自の制度である伝統美観保存地区を指定した．江戸時代を起源とする建築物と大正の洋館，明治時代の紡績工場など，歴史的文脈がよく残されている．倉敷の町並み保全は，倉敷紡績の創設者である大原家により構想され，大原美術館（1930年）など，今日の観光の中心となる魅力がつくられていった．1979年に国の重要伝統的建造物群保存地区に選定され，修理が進む．

　しかし，保存地区の周辺の商業地域は，容積率400%で高さ規制がなかったため，バブル期には倉敷川からの眺望で，現代建築や広告物が顔を出し，町並みを阻害する事態となった．そこで考え出されたのが「背景保全」の条例（1990年）であり，中心軸である倉敷川を視点場に，背景保全地区を独自に定めた．地区内では，事前協議が義務づけられ，建物高さ，色彩，広告などアセスメントが行われている．2000年には伝建地区内の高さ規制も，「美観地区」として追加された．

　さらに，2010年には市域全域に景観計画が策定され，事前協議と市の同意を必要とする背景保全地区は倉敷川の今橋，中橋から1kmの範囲に拡大された．

■金沢市の眺望保全

　金沢市は，日本で最初に景観条例（1968年）を定めた意識の高い歴史文化都市である．兼六園の文化財，茶屋街，武家町などのエリアごとの保全の取り組みに加え，暗渠化された用水路の開渠化整備，助成制度，建築物の高さ規制などを独自に導入してきた．しかし，比較的高さ規制が緩い駅前や幹線道路沿いの高層化によっては，ひがし茶屋街から望見される危機感が認識された．2001年から調査が始まり，全国に先駆けて都市部に眺望景観保全区域を導入した．従来あった倉敷市や岡山県の背景保全といった方法ではなく，市内の眺望上重要な視点場をすべて検証し，背景のほかにも山並みの眺望など，公共的な視点場と保全する範囲（ビューコーン）を設定した．現在は，金沢市景観計画（2009年）に統合されている．

　金沢市の眺望景観の具体的なアセスメント方法は，対象となる保全区域内で中高層建築物を建設する場合，自己診断するかたちでシミュレーションを提出し，協議することとしている．

■京都市の眺望保全

　長い景観行政の歴史を有する京都市においても，景観計画に加えて，眺望景観創生条例（2007年）を導入し，初めて眺望保全が始まった．

　特徴は，市内38ヵ所に及ぶ広範囲に調査を行い，神社，寺院等の境内地，通り，水辺，庭園，山並み，「しるし」，見晴らし，見下ろしを定義している点である．また，規制の方法には，1）眺望を阻害する建築物などを禁止できる「眺望空間保全区域」，2）近景の建築意匠を制限する「近景デザイン保全区域」，3）遠景の屋根，外壁の色彩を制限する「遠景デザイン保全区域」を地図上で明示している．

　特に「眺望空間保全区域」は，阻害する建物の高さに直接指導が及ぶため，意匠や色彩でごまかすことは許されないので，ランドスケープ保全に実効性をもたせたものとして注目される．具体的に送り火の眺望，円通寺庭園からの借景など，京都市の大切な眺望を明確に示している．

　また，近景デザイン保全区域も，京都市内に多数ある庭園の周囲や水辺の500m範囲に指定がなされ，京都らしい指定方法となっている．

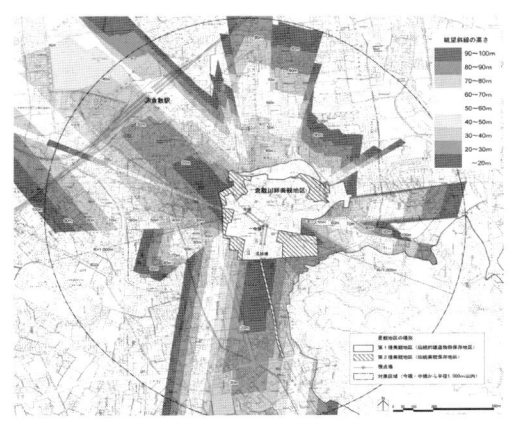

倉敷市景観計画において，倉敷川畔美観地区眺望保全地区のため，眺望斜線を用いてあらかじめ影響のある建物高さを予測している．出典：文献56．

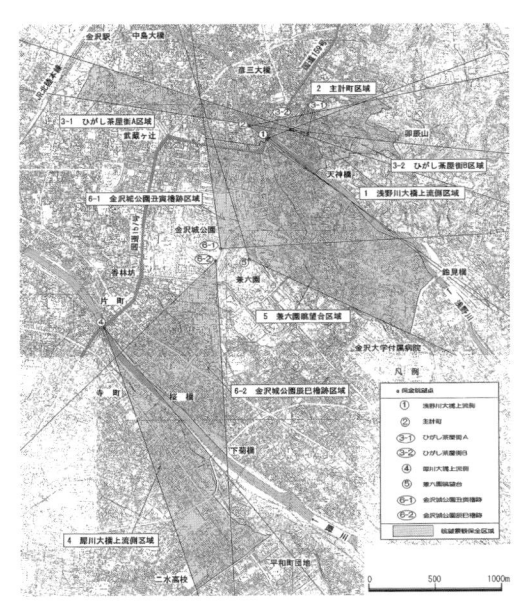

金沢市眺望保全．出典：文献57．

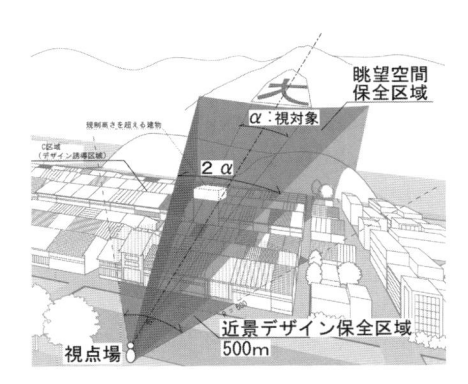

京都市眺望創成条例（2007年）に基づく規制区域の考え方．眺望空間保全区域，近景デザイン保全区域などからなる．出典：京都市．

京都市賀茂川沿いの大文字送り火への眺望．

京都市賀茂川沿いの大文字送り火への眺望空間保全区域．出典：文献58．

京都市円通寺の庭園から見た借景比叡山への眺望．

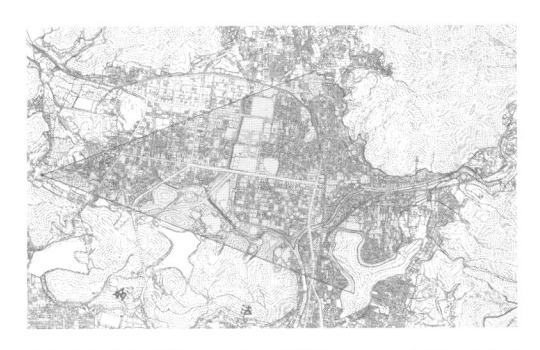

京都市円通寺の庭園から見た借景比叡山への眺望．出典：文献58．

3.2　アーバン・ランドスケープ・プラン（都市の風景計画）

34 歴史的都市ランドスケープ
ローマ市マスタープランによる風景規制

■市街地と郊外にある歴史性の活用

　イタリアでは州政府の上位計画レベルでランドスケープ・プランをつくっているが，基礎自治体は都市計画マスタープランを使用しており，ランドスケープ・プランの内容が内包されている．ローマ市のマスタープランは，成長管理型のプラン（2006年）を新たに導入した．

　特徴は，1）車中心から脱却して公共交通を中心とした都市圏を再構築すること，2）旧マスタープランで見込んでいた郊外開発予定地を大幅に中止し，田園風景を中心とした環境政策へ転換すること，3）「歴史的中心市街地」から，「歴史的都市」へと，その歴史的都市ランドスケープ（HUL）のコンセプトを用いている点にある．

　新マスタープランでは，ローマ市郊外の田園や緑地を，古代ローマ時代の郊外風景を今に残す歴史的価値と，エコロジカルな自然環境価値の2つの位置づけを明確にし，土地利用規制している．

■都市部のランドスケープ規制手段

　都市整備システムについては，市街地を大きく4つに区分し，「歴史的都市」「現状維持する市街地」「再構成する市街地」「都市改造のための市街地」ごとの規制基準を定めている．

　「歴史的都市」では，時代区分に応じた10種類のテッスート・ウルバーノ（街区単位）に類型して保全のための規制基準を定めている．これは，ちょうど本書の歴史的ランドスケープの分析やキャラクタライゼーションを，都市計画マスタープランに直接使用する方法に相当する．こうした歴史的ランドスケープを街区ごとに規制基準に用いることは，歴史的都市ランドスケープを計画するうえで，たいへん参考になる手法である．

■環境システムの規制手段

　一方，都市郊外に用いる「環境システム」についても注目される．環境システムの指定区域区分は，①自然保護区域，②水路網，③アグロ・ロマーノ（ローマの平野）の3つからなる．環境システム整備手法は，a）環境悪化した区域を植林などによって回復する「環境回復整備」，b）ビオトープなどアグロ・ロマーノの典型的な風景や自然環境を再構築する「環境再生整備」，c）歴史的な自然環境を保全し，修復する整備である「環境修復整備」，d）自然や風景への「環境影響に対するミチゲーション」，e）風景，緑地環境に緑化や通路の整備を行い，人々の利用を促進する「環境活用」，f）バイオ建築，雨水浸透性，自然エネルギー利用，灌漑用水，堆肥の利用，健康的なサービス，永続的な素材などを導入した「バイオ・エネルギーの向上」が，マスタープランに定義されている．

　そのほかに，市内全域に覆い掛けられる生態系機能としての「エコロジカル・ネットワーク」も定義されている．このエコロジカル・ネットワークを保護するため，例えば，通過する道路などのインフラ施設の整備の際には，上記の「環境再生整備」や「環境影響に対するミチゲーション」が義務づけられる．

　このように，ランドスケープの概念は，建築物の意匠コントロール手段だけでなく，環境システムのように，エコロジカル・ネットワーク保護という，生態系に及ぶ概念である．このため，建設の際に既存建築物の再利用，雨水浸透性，高木緑化率，低木緑化率などの導入に加え，大規模インフラ施設，送電線，電波塔，廃棄物処理場の計画の際に，戦略的環境アセスメントの導入が義務づけられている．

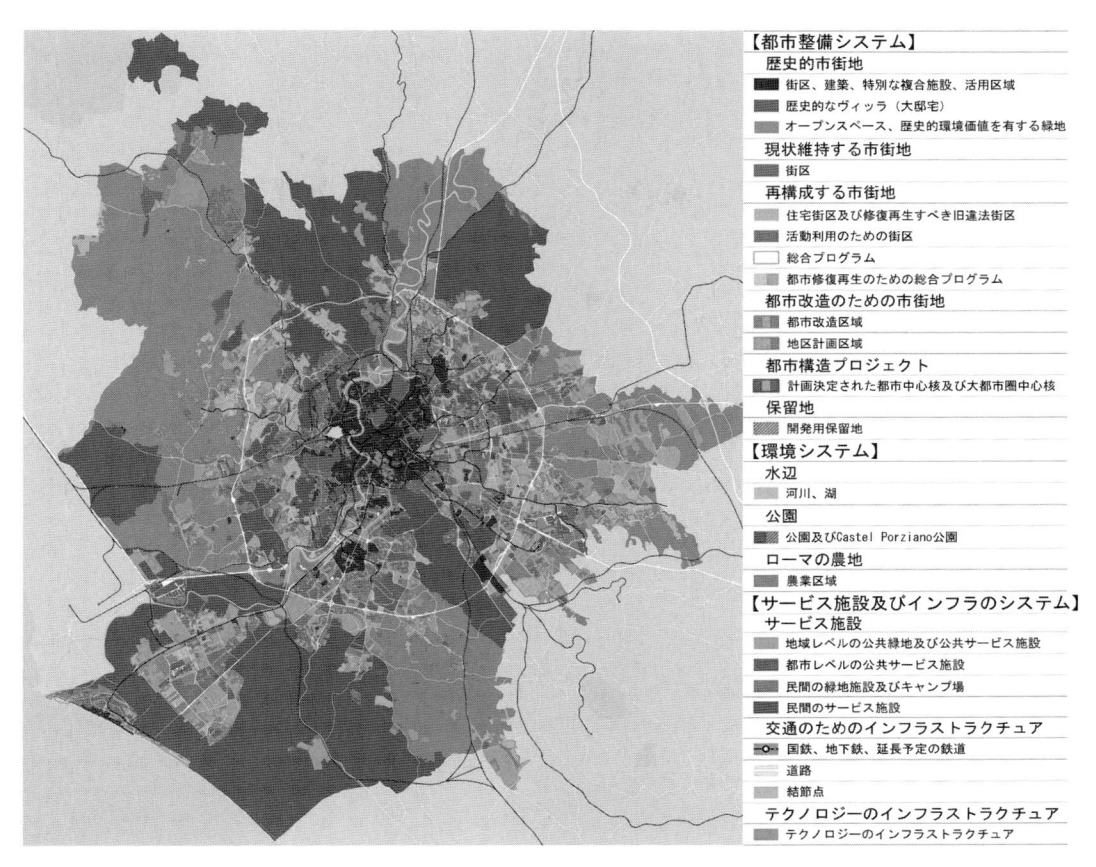

ローマ市マスタープランの総合図（2006年都市計画決定）．規制の手段は主に，都市整備システムと環境システムからなる．出典：文献59．Credit：Comune di Roma．

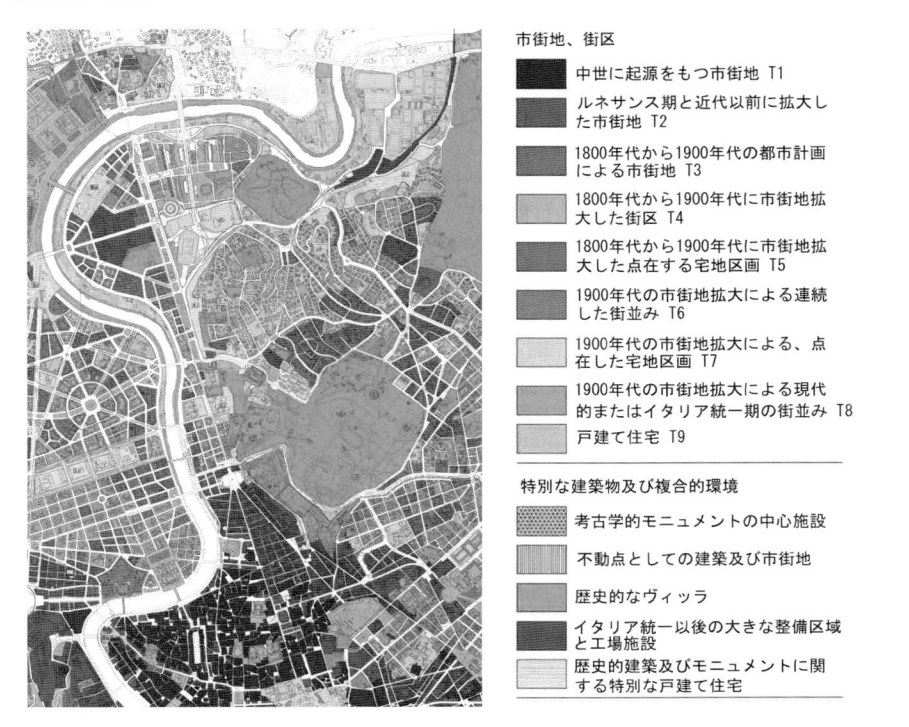

ローマ市マスタープランにおける歴史的市街地の年代別街区規制(部分図)．出典：文献59．Credit：Comune di Roma．カラー口絵も参照．

3.2 アーバン・ランドスケープ・プラン（都市の風景計画） | 69

35 庭園と公園
京都市，東京都，広島市

■日本の都市庭園の特性

都市スケールの中のまとまった公共的な緑地を確保する考え方は，公園の制度が始まった明治時代にさかのぼる．しかし，東京都心で見れば，実質的に江戸時代に形成された大名庭園を活用した割合の方が大きい．また，明治時代以降は，皇居や皇室の庭園が大きな割合を占める．

また，その面積だけでなく，質やデザインが極めて重要で，東京に品格をもたらしているのが庭園の遺産である．東京で大名屋敷の建築物が一切残っていないのに対して，庭園遺産の土地がよく残っている．風景計画をつくるうえで，これ以上の手がかりはないだろう．

一方，京都のように，寺院庭園や貴族庭園についても，同様に風景計画の骨格をなす可能性がある．これらの庭園は，外国からはっきり見える日本文化の中で，極めてデザインレベルや歴史的価値の高い都市遺産である．例えば，京都市景観計画では，市内19の寺社，皇室，城の庭園の周囲500 mの範囲で，近景保全を導入している．

日本で最初に庭園周囲の景観規制を導入したのは，岡山県の景観条例による後楽園周辺である．他の都市においても，歴史的な庭園を軸に風景計画を作成することは，極めて重要である．日本文化の優れた特性に，人々が気づくからである．

■日本の公園の特性

歴史的な庭園が多くない都市においても，明治時代以降に発想された公園を手がかりにする方法は，風景計画の作成のうえで必要かつ有効な手法である．例えば，札幌の大通り公園のように，明治期の都市づくりの骨格に，防火機能をもたらすような大きな公園が新設された．現在札幌市の場合，風致地区でその周囲のランドスケープ・コントロールが行われている．

一方，戦後の復興においても，大きな公園が新設されている．原爆で破壊されてしまった広島では，都市の歴史が一度リセットされてしまった．しかし，その復興を見れば，平和記念公園を手がかりに有効な風景計画を作成していると見ることができる．

■東京の文化財庭園と公園

東京では11の「庭園」が東京都景観計画で位置づけられている．このうち7つの庭園周辺と皇居周辺を，ランドスケープ・コントロールしている．周囲の都市開発圧力は極めて大きいが，だからこそうまくデザイン制御できれば，不動産の価値を上げる可能性が高い地区の土地である．

一方，東京の主な「公園」の周囲については，新宿御苑しか位置づけられていない．都内にはもっと多くの重要な公園があり，区部において検討が必要であろう．例えば，上野公園が代表的で，周囲の開発が公園のランドスケープに大きな影響を及ぼしている．不忍池の周囲は，超高層マンションが建ち放題で，悪化が著しいにもかかわらず反対意見が出ないのは不可思議である．同様に，東京スカイツリーが公園から望見され，そのマイナス影響についての議論がない（p.81参照）．

■広島の平和記念公園

戦災復興にあたり，平和の祈りと記憶の場所として，街の中心部を公園にする決定を行った広島市．公園の周囲に高まる開発圧力に対し，要綱を用いて，一定の協議を行う取り組みが長年継続されている．世界に向けた日本の顔ともなるこの広場の設計は，コンペで選ばれた丹下健三によるものだ．原爆ドーム（現世界遺産）にランドスケープの軸を置いた公園のデザインは，永遠に記憶されるべき場所を形成している．

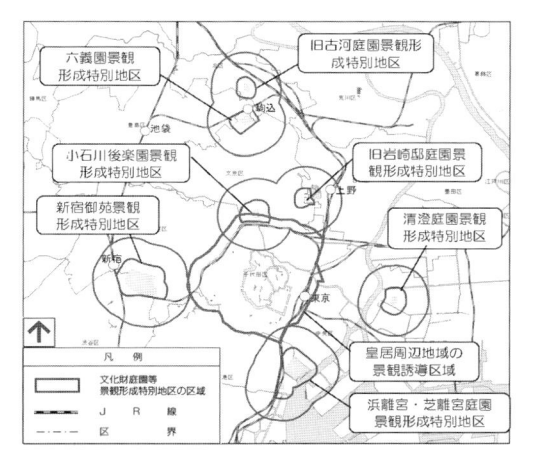

東京都景観計画における文化財庭園等景観形成特別地区 (2009年改正). 大名庭園のほか, 新宿御苑の公園など, 東京が庭園都市であることの重要性を明らかにしている. 2009年改正では, 皇居周辺も追加された. しかし, 上野公園や芝公園など, 都内にあるその他の主な公園は, 景観形成特別地区に含まれていない. 出典：文献55.

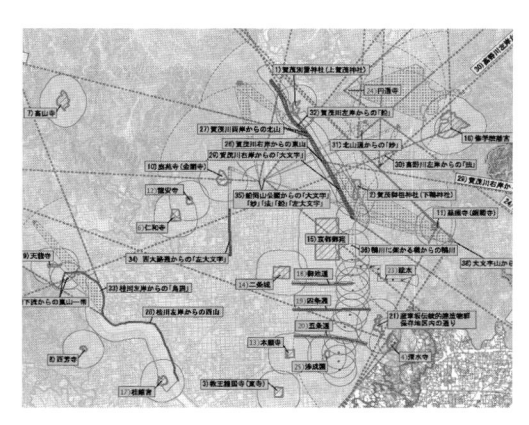

京都市景観計画における眺望保全 (部分図, 2007年). 図中にある円の中央には, 市内19の寺社, 皇室, 城の庭園が位置づけられており, その周囲500mの範囲で, 近景保全を導入している. 出典：文献58.

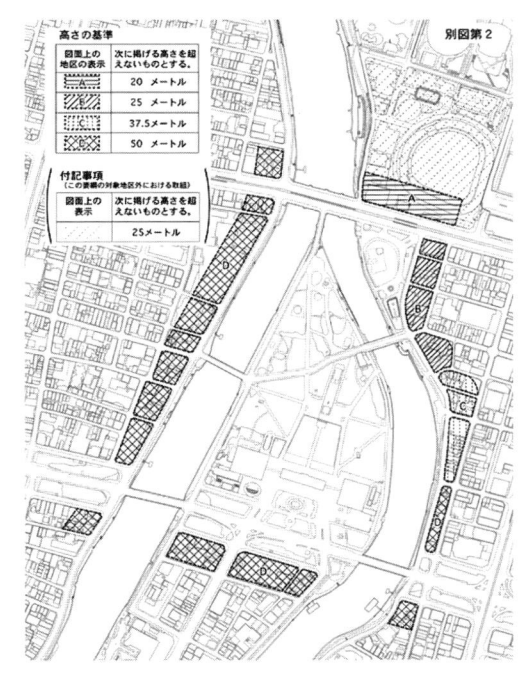

広島市の原爆ドーム及び平和記念公園周辺建築物等美観形成要綱より. 平和記念公園の周囲の街区において, 建物の高さの基準が定められている. 出典：文献60.

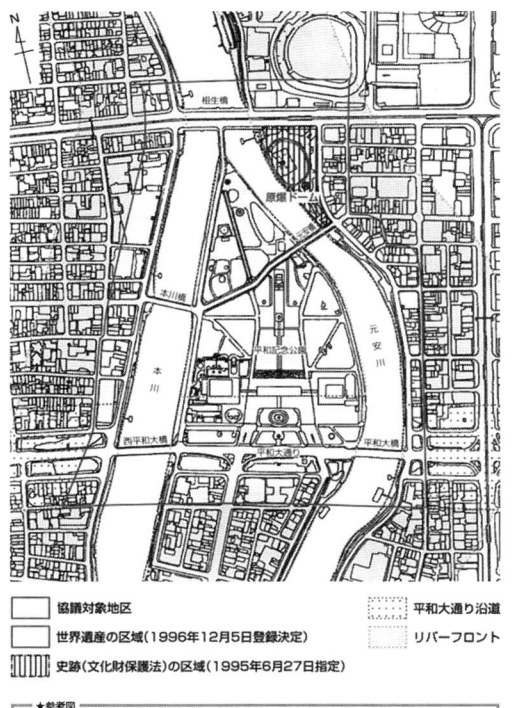

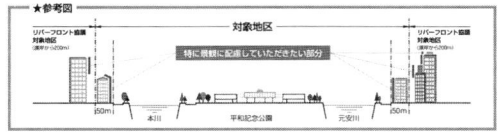

広島市の原爆ドーム及び平和記念公園周辺建築物等美観形成要綱より. 平和記念公園の周囲と, リバーサイド (両岸200m), 平和大通り沿いに, 要綱に基づく届出エリアが定められている. 平和記念公園から眺望される建築物や広告物に配慮を求めている. 出典：文献60.

3.2 アーバン・ランドスケープ・プラン (都市の風景計画) | 71

36 都市計画との整合性
柏市住宅地

■都市計画とランドスケープのエリア区分

筆者が指導した例で，一般的な都市部においてランドスケープのエリア区分に，都市計画の用途地域区分を用いる方法もある．千葉県柏市は，東京のベットタウンとして約100年前に開発されたごく普通の市街地が大半を占める．この土地利用を見た場合，都市計画の地域区分がランドスケープをかたちづくっていた．都市計画がランドスケープを壊している場合もあるので，全国的に一概にはいえないが，筆者はこの場合，都市計画の用途地域区分が使えると判断して，地域の景観形成基準を作成した．

市街化区域の12の用途地域区分では，低層住居専用地域を除き，様々な用途の建築物が複合し，明確な都市像がない．それを補完するかたちで建築物の意匠や色彩を目標づけるという意味で，その用途地域区分をランドスケープのエリア区分に使用した．

ただし，市街化調整区域の問題が残る．原則的には市街化を抑制する地域であるが，白地になっていて，そのランドスケープの目標には使えない．そこで柏市では，市街化調整区域のランドスケープを調べ，「水辺景観地域」「河川田園地域」「田園集落地域」「特徴のある集落のまとまり」といったエリア区分を追加した．

■一般の住宅地で基準になる風景要素

よく聞くのは，歴史のない一般的な市街地で景観計画をどうつくればよいのか，という相談である．歴史が無いわけはないのだが，一つの方法として，「公園」や「学校」という公共施設を風景の拠点として位置づける方法がある．特に子供たちに幼い頃から美しい風景を見せるべきである．したがって，通学路のランドスケープ配慮も重視すべきポイントとなる．

そのほかにも，「水」のない都市はなく，生活に不可欠な存在であるから，水辺の周囲から綺麗にしていく方法も重要である．いずれの場合でも，住宅地における緑地環境を整えることが，最も効果的な指導となり，建物の形状は風景要素の公共性に照らし，圧迫感を軽減するよう指導すべきである（届出制度については，p.132を参照）．

また，公共施設自体も，緑化を推進するなど，官民の協力を求めることになる．柏市の場合，学校の外壁の塗り替えの際に，複数の色を組み合わせるなど，景観アドバイザー会議を活用している．なお，重点的に都市デザインを行うエリアは，さらに工夫できる（p.104を参照）．

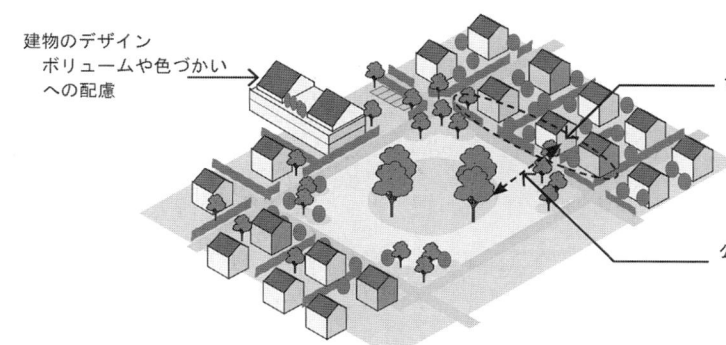

建物のデザイン
ボリュームや色づかい
への配慮

公園に向けての顔づくり
公園からの景観を意識し，建物の裏側を公園に向けないようにしましょう。

公園との連続性
公園に接する部分は緑の連なりに配慮し，生け垣などの緑を配置しましょう。

≪公共施設など周辺のまち並み形成：（例）公園≫

柏市景観計画（2007年）ガイドライン（景観法のいう良好な景観の形成のための行為の制限に関する事項）より．出典：文献61, 62.

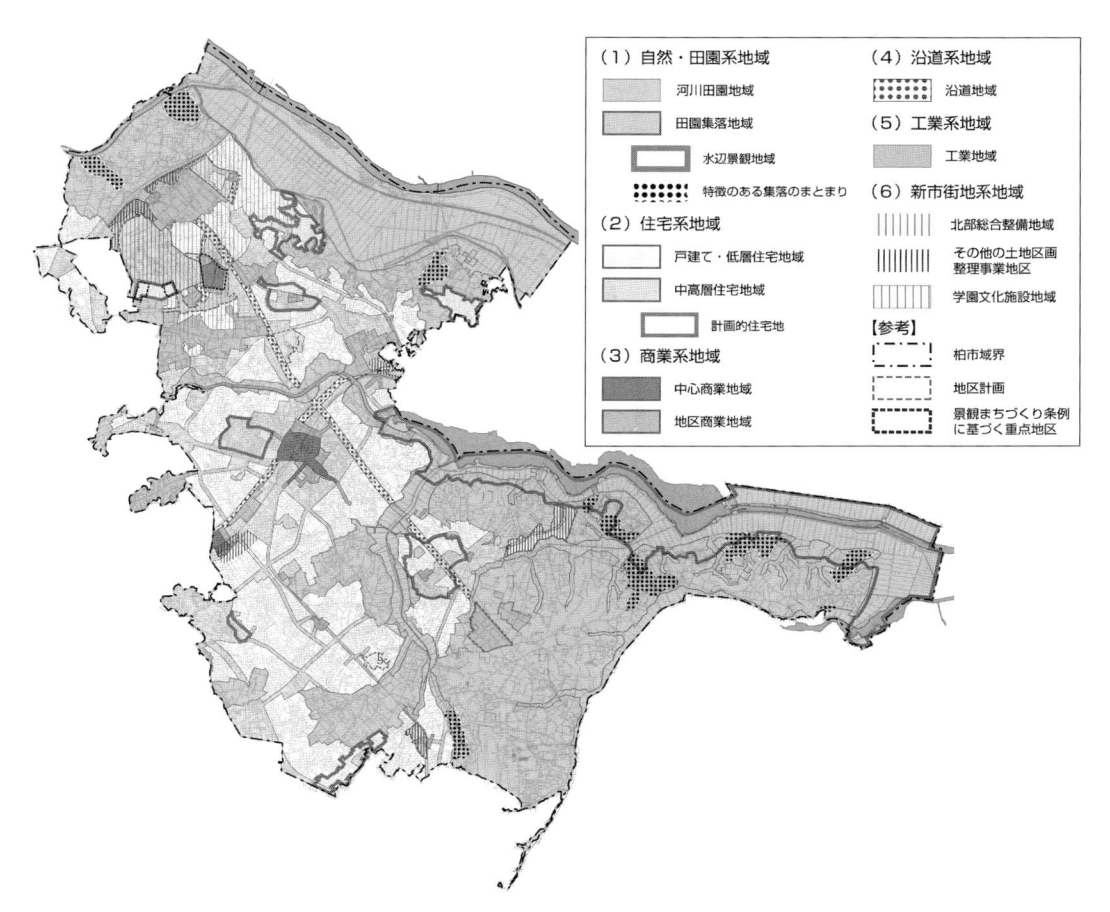

(1) 自然・田園系地域		(4) 沿道系地域	
	河川田園地域		沿道地域
	田園集落地域	(5) 工業系地域	
	水辺景観地域		工業地域
	特徴のある集落のまとまり	(6) 新市街地系地域	
(2) 住宅系地域			北部総合整備地域
	戸建て・低層住宅地域		その他の土地区画整理事業地区
	中高層住宅地域		学園文化施設地域
	計画的住宅地	【参考】	
(3) 商業系地域			柏市域界
	中心商業地域		地区計画
	地区商業地域		景観まちづくり条例に基づく重点地区

柏市景観計画（2007年）．ランドスケープのエリア区分は景観形成基準となるまとまり．市街化区域は，用途地域区分と一致させた．

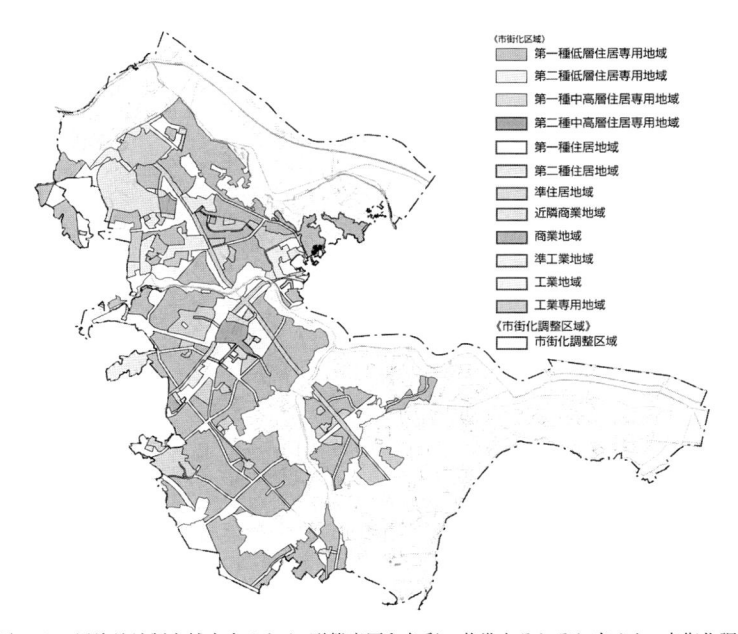

《市街化区域》
- 第一種低層住居専用地域
- 第二種低層住居専用地域
- 第一種中高層住居専用地域
- 第二種中高層住居専用地域
- 第一種住居地域
- 第二種住居地域
- 準住居地域
- 近隣商業地域
- 商業地域
- 準工業地域
- 工業地域
- 工業専用地域

《市街化調整区域》
- 市街化調整区域

柏市都市計画図（2007年）．12の用途地域制を補完するため，形態意匠と色彩の基準をそれぞれ定めた．市街化調整区域は細区分された．また，柏の葉キャンパス駅周辺の土地区画整理事業エリアには，都市デザインを行うための特別なガイドとともに，景観形成重点地区の基準を別途設けている．本頁の2点とも出典：文献 61, 62.

3.2 アーバン・ランドスケープ・プラン（都市の風景計画）

37 素材と色彩
トリノ市とヴェネツィア市

■欧州で最初の色彩計画：トリノ

古代より色彩は，建築物の装飾に多用されてきた．現在でも当時の色をよく確認できるのはポンペイの遺跡で，壁画に用いられたポンペイ・レッドは印象的である（今なお，一般的に色彩を数値で表すマンセル値の指標を超える彩度である）．

色彩計画として本格的にプランニングに用いられた欧州最初の事例は，イタリアのトリノ市である．1774～1845年の中心市街地の建造物には，色彩を施す活動が当時あったため，自由な色であったが，都市が色づけられていた．当時一世風靡したのが，高貴なクリーム色で，「トリノ・イエロー」と呼ばれ，19世紀の風景絵画や設計図に着彩されていた証拠が残っている．

その後，色彩は維持されない時期を経て，再度色彩に光が当たったのは，1970年代後半である．多数残されているイエローやスカイブルーに着彩された外観図面をもとに外観の修復が進んだ．また，市のメイン道路沿いを中心に，歴史的都市ランドスケープに気品を与える再生の目的で，色彩計画が作成されている．

こうした事実を踏まえ，1978～1982年までにトリノ市は，新たに「色彩計画」を作成し，色彩の届出制度を確立した．トリノ市指定の色彩は，107種類定められている．このため，市内全域で歴史的建造物はもちろん，新築も含み，外壁の塗り替えには市役所へ届ける必要がある．年間600～1500件程度の届出があり，市のアーバンデザイン課色彩室で対応している．

歴史的建造物の外壁の色は，設計原図に基づいて，昔の色に戻す必要がある．一方，新築の建造物は，周囲のランドスケープとの整合を求められる．素材感が重要な場合，洗浄によって汚れの除去が行われる．イタリアではトリノ市以外にも，色彩計画を作成する自治体が各地に見られる．

■水辺の色彩都市：ヴェネツィア

同じイタリアでも，都市全体の色彩計画をもたずに，今なお色彩豊かな都市ヴェネツィアがある．筆者は，カナル・グランデという運河沿いの建造物の外壁色を測定したが，実に多様な色彩が施されていることを知った．そして，この町に色彩計画は伝統的にない．

歴史的に海洋都市として成功したヴェネツィア商人が建てた建物には，高さの制限があったが，色彩は自由であった．したがって，漆喰に施された色彩は多様で，素材も漆喰のほかに，白の大理石やレンガなどが不規則に並んでいる．

こうした歴史的建造物の指導を行っている文化省の出先機関，文化財監督局によれば，色彩計画は必要ないという．なぜなら，都市全体の色彩計画はもともと存在せず，修復指導を行う際に，厳密な外壁の調査を行い，修復の際に素材や色彩の指導が個々に行われるからである．

ヴェネツィア近郊には，ブラーノというカラフルなことで有名な漁師町がある．パステルカラーの住宅が小さな運河沿いに並んでいて，観光地となっているが，最近の修繕で，かなり彩度の高い色に塗り替えられている．これは漁師町の特性というよりも，観光目的で住民が自由に塗り替えていて，歴史的景観を壊している．こういう場合は色彩計画が必要だと思われる．

■日本の色彩コントロール

日本ではマンセル値を用いて規制する傾向にある．しかし，それはネガティブ・チェックであって，必ずしもビジョンがあるわけではない．そのために，センスの良い色彩を取り入れた現代建築の可能性が減ってしまった．水辺を含め，商業エリアでもっと多彩なデザインによって，新しい開発があっても，面白いと筆者は願う．

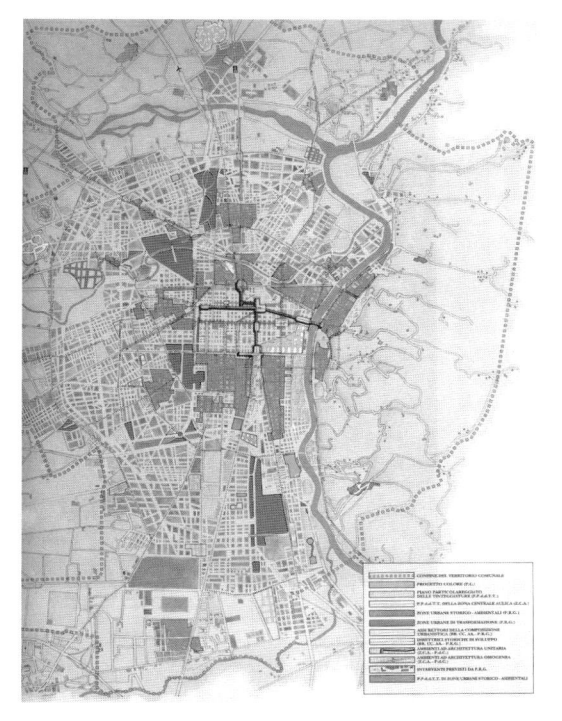

トリノ市色彩計画（市全域，1982年）．大都市ながら，市全域で色彩計画を導入した．出典：文献63．

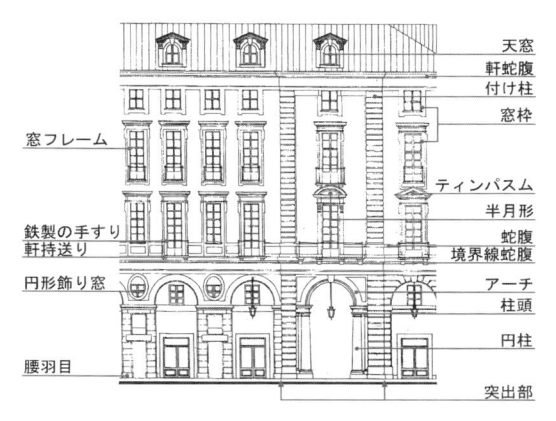

トリノ市色彩計画（1982年）．具体的に届出制度によって，色彩指導するためには，建築要素ごとに色彩を検討する必要がある．出典：文献64．

ヴェネツィアのカナル・グランデ沿いの歴史的アーバン・ランドスケープ（リアルト橋付近）．中世以来，ヴェネツィアのカラフルな色彩は自由であった．そのため現在も色彩計画はなく，オリジナルの色彩の維持に努め，素材とともに忠実に修復がなされている．

3.2　アーバン・ランドスケープ・プラン（都市の風景計画） | 75

38 山村の風景
中之条町六合地区

■ 日本の山村

　群馬県中之条町六合地区（旧六合村）は，草津温泉にほど近い山並みを縫って南北に走る白砂川の河岸段丘に広がる養蚕の山村集落である．標高は 700 m 程度で，南面して日当たりが良い．

　山の暮らしは平野部から離れ，集落ごとの独立性が高いのが特徴で，自給自足が原則であった．このため，江戸時代から農地を山中に拡大して暮らしを支えていた．江戸時代後期から養蚕業が盛んになり，家屋の上階を利用可能とした「出梁」の住宅形式へと変貌していった．

■ 文化財としての保存の歩み

　六合村赤岩地区は，2004 年から伝統的建造物群保存調査研究が始まった．研究チームは，東京大学藤井恵介研究室が伝統的建造物の調査を，宮脇研究室が文化的景観の調査を行った．調査の後，条例の制定を経て，2006 年群馬県で初めて国の重要伝統的建造物群保存地区に選定された．

　当時まだ文化的景観の制度はなく，その調査方法は日本にはなかった．そこで筆者の研究室では，イタリア方式の歴史的風景調査方法を，六合地区に試してみた．歴史的な地図を用いる方法で，土地の履歴を丹念に調べるものであった．

　幸運なことに，古い地籍図が大切に残されていた．最も古い地籍図は，寛延 2 年の絵図（1749 年，個人所有）で，これは嘉永 4 年（1851 年）にリライトされていた．また，オリジナルの地籍図としては，天明 6 年（1786 年）の地籍図（個人所有）が見つかった．

　その次の時代の地籍図として，明治 6 年のもの（1873 年，群馬県所有）があり，それに対応した土地台帳（六合村所有）が赤岩の区長箪笥から見つかった．そして，昭和初期である昭和 6 年（1931 年）の地籍図と土地台帳が，区長箪笥から見つかり，照合された．さらに最近の 2004 年の地籍図を作成し，以上 4 つの時点の基礎資料を地図データベース化し，約 220 年間の土地利用の変化を観察した（上図 4 点参照）．

　江戸時代や明治時代の絵図（地籍図）は，筆で描かれたものであり，正確性に欠けたものであると見られがちであるが，よく見ると，河川の位置，街路の位置，田園の中の石垣の位置，神社仏閣の位置，家屋の位置が明確に記されており，今日まで地形，川，道の変化がほとんどないために，現代の地図上でほぼ理解できる．なお，各時代の比較分析するため，地目を共通化する必要がある．

■ 分析と評価

　1786 年の江戸時代，ほとんど畑地であるが，主に集落周辺の畑地および集落よりも低い位置に広がる畑地と，山中および郊外の畑との 2 種類に分かれる．水田は 0.7 ha（0.2%）とわずかで，河川沿いに限られている．1873 年の江戸後期から明治時代にかけて，最も農地が拡大し，山中にまで及んだことがわかった．1931 年の昭和初期においては，山林部の地目カテゴリーが加わり，森林利用が盛んになった．2004 年の現代の地籍図からは，山林と原野を合わせて，調査区域の 86% を占めていることがわかる．江戸時代は 84.1% と推察され，ほとんど維持されている．一方，現在の畑地は 6.2% で，江戸時代の 13.2% や明治時代の 14.1% よりも大きく減少している．宅地は，江戸時代の 1.5 ha に対し，現在は 6.0 ha へと増加している．街道沿いの北側に宅地が増加した．

　1786 年から 2004 年の土地利用を重ねて評価したところ，江戸時代から変化していない土地が明らかになった（下図参照）．屋敷地や畑の土地の多くが，歴史的価値を有しているのである．

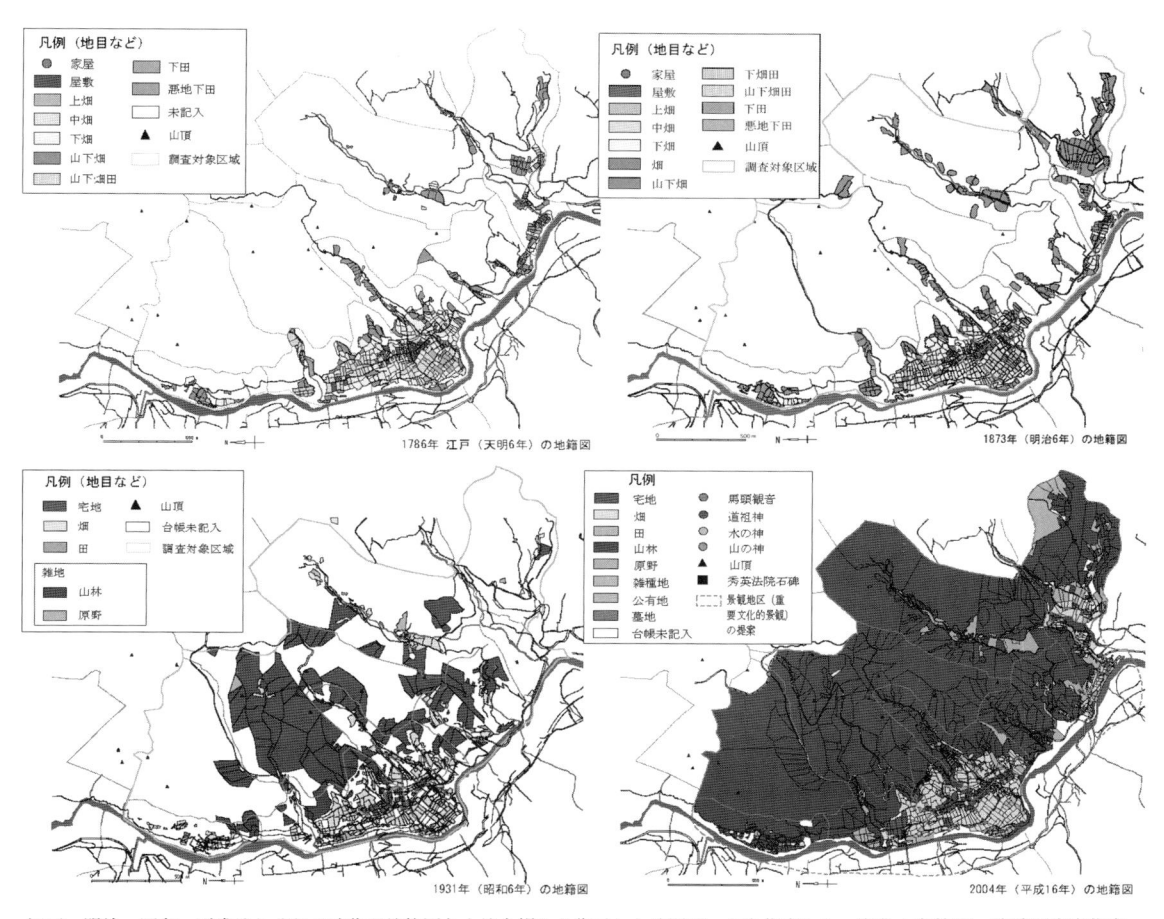

江戸，明治，昭和，平成それぞれの時代の地籍図と土地台帳から復元した地図データを作成した．出典：文献 65．宮脇研究室作成．

土地利用が変化しなかった土地の抽出．歴史的価値の高い安定した土地の分布図（江戸時代と現在で土地利用用途の変更がなかった区画の分布）が明らかになる．出典：文献 65．宮脇研究室作成．

3.3 歴史的ランドスケープの評価と危機

39 遺跡の風景
堺市の百舌鳥古墳群

■ 古代遺産の危機的な管理状況

　堺市の百舌鳥古墳群は，日本最大の仁徳天皇陵古墳を中心とする古墳群で，大阪湾を臨む台地の上に，東西南北4km程の範囲に広がっている．その造営は，4世紀末から6世紀まで続くが，5世紀に前方後円墳が最も巨大化した．この1500年以上存在するランドスケープの歴史的価値は，それが世界最大級の広さをもっていることから想像されるが，日本のアイデンティティ，文化的な存在価値が，世界有数の芸術を背景にしていたことを物語っている（p.2を参照）．

　しかし，かつて100基以上の古墳が存在していたが，現在ではその数を半数以下にまで減らし，47基しか残っておらず，保存されていないものもある．過去に古墳が破壊された主な原因は，終戦以降の宅地化，区画整理である．破壊された古墳は小規模な古墳だけでなく，百舌鳥大塚山古墳のように大規模なものもあり，昭和20年代に住宅地に造成され，その街区形状に円形の名残がある．一方，いたすけ古墳は昭和30年代に宅地化工事が始まった際，破壊に反対する住民運動が起きたため，破壊を免れている．

　現在，古市古墳群とともに世界遺産の暫定リストに登録され，史跡に指定されている古墳もあるが，小さな古墳は個人の所有の土地など，市街化の中で危機的な状況である．しかし，適切なランドスケープ保存手段や景観計画もない．

■ ランドスケープの変貌のプロセス

　昭和2年の百舌鳥古墳群周辺の用途地域図が残っており，ちょうど仁徳天皇陵古墳と履中天皇陵古墳が，市街化地域の住宅地域の用途地域に取り込まれる時期を捉えている．その残りの農地は，無指定となっていた．昭和22年の見直しでは，古墳群周囲全域が住宅地域の指定となる．昭和43年の見直しでは，仁徳天皇陵古墳から履中天皇陵古墳にかけて，中心部を都市計画公園に，その周囲の住宅地も含んで風致地区の指定が掛けられる．しかし，現在は，風致地区が縮小され，都市計画公園の範囲とほぼ同じ大きさとなっている．

　図は，大正15年から昭和45年までに行われた土地区画整理事業を示した図である．古墳の周辺のほとんどが区画整理されていることがわかる．特に仁徳天皇陵古墳周辺でも，側近の土地まで区画整理，耕地整理が行われていて，明らかに配慮が欠けている．仁徳天皇陵古墳の周囲の環境とランドスケープは大きく変貌した．

　小規模な古墳に関しては，ほとんどの古墳が区画整理の範囲内に含まれており，こちらも古墳の周囲の環境への配慮が，土地利用上見られない．航空写真でも確かめたが，昭和20年代から40年代までに，古墳周囲の宅地化が著しい．

　こうした事実から市街化のプロセスを検証すると，堺市だけではないが，これまで日本の都市計画は，古代遺跡とその周囲のランドスケープを積極的に価値づけてこなかったことがわかる．用途地域の見直しも，幹線道路や鉄道などの機能面の評価が中心で，世界遺産クラスのランドスケープを意識することなく壊してしまった．今も遺跡本体を損傷したり，周辺に，ラブホテルが立地するといった具体である．

1971年の定の山古墳で，宅地化による破壊行為が見られた．出典：中井正弘（1981），『伝仁徳陵と百舌鳥古墳群』．

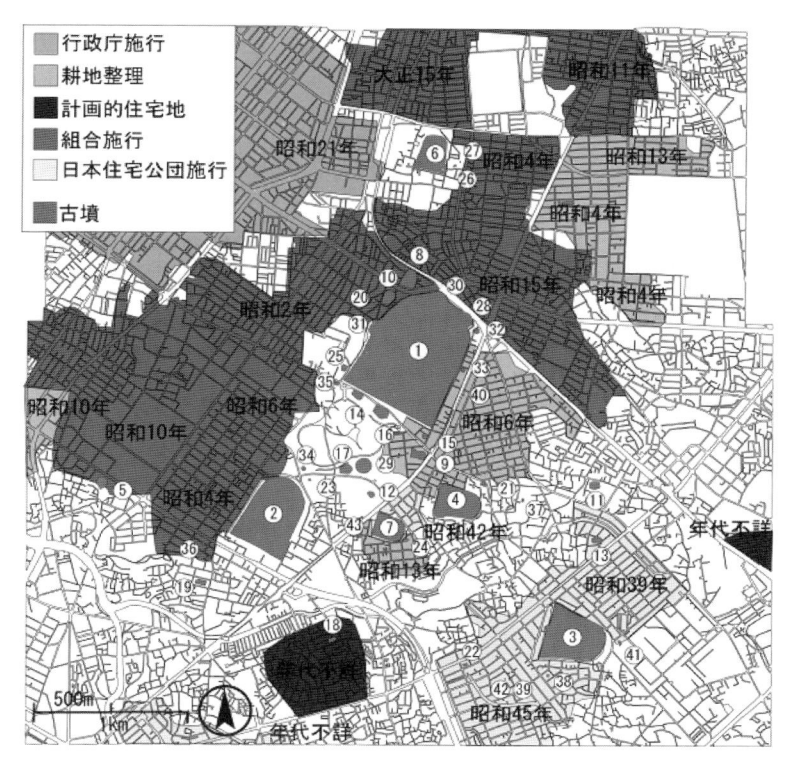

百舌鳥古墳群周辺の区画整理事業をまとめて示した図．番号は，古墳の位置を示す．出典：宮脇研究室作成．

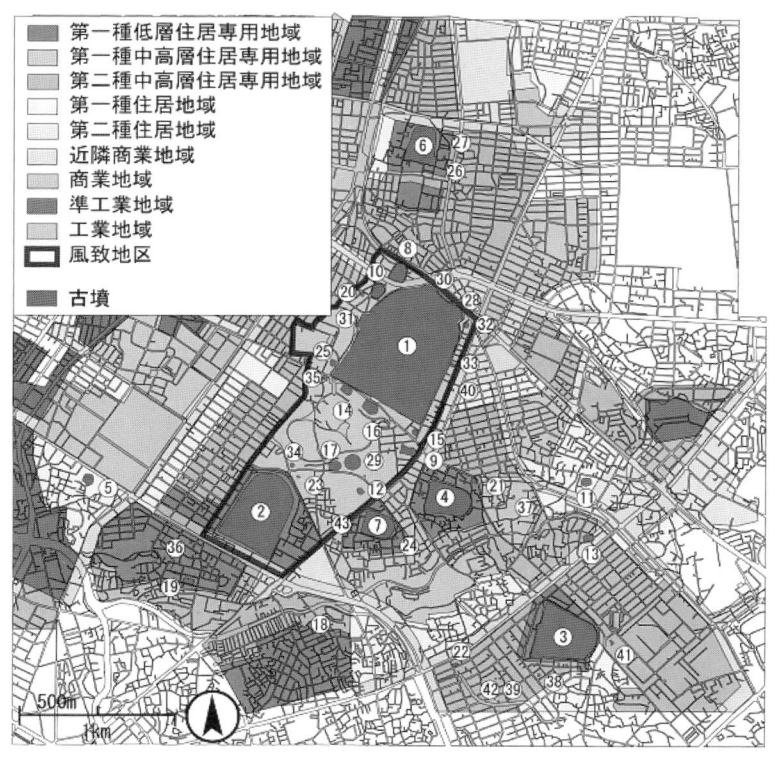

現在の用途地域と古墳の位置．昭和43年当時，風致地区は古墳群周辺住宅地にも広がっていたが，現在は仁徳天皇陵古墳から履中天皇陵古墳までの都市計画公園とほぼ同じ大きさに縮小変更されている．出典：宮脇研究室作成．

40 寺町の風景
東京都台東区の歴史的ランドスケープ・キャラクタライゼーション

■**江戸の寺町**

　天正18年（1590年）徳川家康が江戸入府後，江戸郊外地であった現在の台東区は，明暦3年（1657年）の大火後に多くの寺院が移転して市街地が開発された場所である．江戸時代から続く伝統的な寺町としてのランドスケープを約350年間存続している．

　最古の地図と思われる寛永5年（1628年）の地図以降で，収集できた88枚の地図を参考に，筆者らは9つの時代区分にまとめ，道路形成年代の調査を経て，街区形成年代を特定した．さらに，寺院の建立年代を街区の上に重ねて評価した．

■**台東区の街区の変遷**

　街区形成年代図を作成したところ，江戸時代の安政元年（1854年）までに新設し，現在残っている街区は，台東区の全2371街区の約2％に相当するわずか35街区であった．しかし，その街区平均面積は，台東区全域の街区平均面積の約3倍の7327〜9035 m²広い．これらは，谷中地区と根岸・下谷地区集中して見られる．関東大震災でも残された数少ないエリアの一つである．

　一方，台東区で最も多くの街区数が新設された時期は，大正9〜昭和5年（1920〜1930年）の帝都復興計画期で，区全体の71％にあたる1678街区に及び，土地の細分化が行われた．

■**寺院の形成年代の特定**

　東京最古の寺院は浅草寺（628年）である．寛永元年（1624年）には，徳川家光により寛永寺が創建された．明暦3年（1657年）の大火後には，神田の東本願寺や日本橋の寺院が，谷中や浅草に移転し，新寺町を形成した．寺院形成年代図は，その移転による建立年（建造物は建て替えられている）を評価したものである．

　江戸時代から現在まで残っている寺院は，谷中地区と寛永寺と浅草寺を結ぶ浅草通り沿いの浅草地区，奥州街道沿いにある北部地区，奥州裏街道筋の金杉通り（三ノ輪街道）沿いの根岸，下谷地区に多く残っている．

　江戸時代（1854年まで）に建立し，現存している寺院数は，全550寺院のうち半数近い253寺院（46％）であることがわかった．

■**谷中地区の文化的景観**

　谷中地区には，江戸時代の町割として残っているのは，全39街区のうち13％にあたる，わずか5街区のみである．寺院は谷中地区で全82寺院が起立し，62寺院（76％）が江戸時代（1854年まで）の建立である．1920〜1930年の帝都復興計画の影響は少ない．

　谷中地区における市区改正条例以前の明治19年（1886年）までにつくられた道路は，40本中23本（58％）あり，他の地区より歴史的な道路の比率が高いため，複数の寺院を含めたままの大きな街区が残されている．

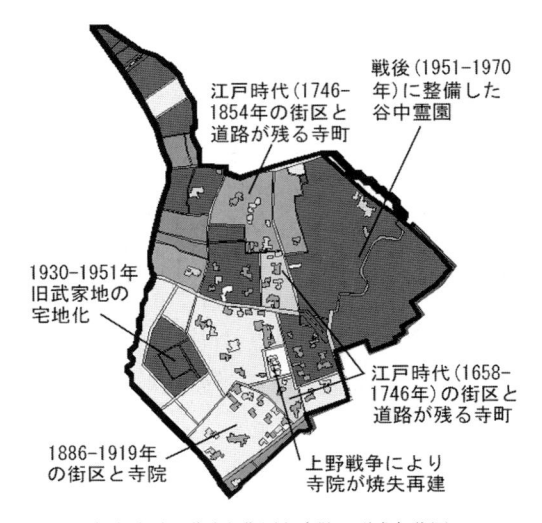

谷中地区の道路と街区と寺院の形成年代図．

不忍池は江戸時代の面影を残しているランドスケープである．ただし，街区形成年代図の分析では，不忍通りの拡幅整備が1931～1951年に行われているため，街区の判定は近代となっている．池を渡る道は，後から加えられたもので，桜並木に風情がある．

不忍池は自然と人間の共生する数少ない東京のオアシスだが，最近，高層マンション（左）や東京スカイツリー（右）の影響を受けて，歴史的環境は悪化している．

台東区の街区形成年代図（2008年宮脇研究室作成）．江戸時代特有の寺町の大きな街区が，台東区の北西に広く残されている．特に寛永寺を中心とする寺町の街区が該当する．その北側の根岸・下谷の街区は庶民的な一角で，歴史的価値がある．また，吉原の街区も江戸時代のものである．江戸時代に形成された街区数は，全体数の2％で，その面積は全体の4％である．関東大震災以前まででも，街区数で10％，面積で13％とわずかである．こうした街区は，東京の貴重な歴史的ランドスケープの遺産である．一方，区の中心部は，関東大震災の被害を受け，震災や戦災の復興事業など1920～1951年に形成された街区は，街区数で83％，面積で71％を占める．詳細はカラー口絵と出典：文献67を参照．

3.3 歴史的ランドスケープの評価と危機

41 運河の風景
東京都江東区の水辺ランドスケープ・キャラクタライゼーション

■江戸の運河

　東京江東区の大部分はかつて海であり，江戸時代から段階的に埋め立てが行われてきた．同時に多くの運河がつくられ，物資の運搬の拠点として栄えてきた．したがって，街区と道路の分析に加え，運河の歴史的ランドスケープの評価を試みた．江戸初期の1657～2005年までの12の年代の地図に記された各街区と各道路を最新の地図データ上で重ねて比較し，その形成と消失の年代を特定した．

■道路と街区の形成年代分析

　12の年代の街区形成年代図の作成結果，1859年までに形成された街区はほとんど残っていない．しかし，歴史的な道路は，小名木川以北において形成され，多くは運河に対して垂直・平行して形成され，格子状に近い形をしている．

　1859～1925年に，運河沿いに街区形成が進んだ．明治維新以降，工場の進出が街区形成に影響を与えていた．

　1925～1937年に形成された街区が大半を占めている．これは，関東大震災で大半のエリアが被害を受けたため，世界に例のない3119 haに及ぶ大規模な帝都復興事業の区画整理が実施された影響である．

　1937～1957年に特定された街区は，主に大正～昭和初期にかけて埋め立てられた地域である．また，五間堀や六間堀などの運河が埋め立てられたことも，この年代の街区形成に影響を与えている．

　1957年以降は，区の南北で大きく様相を変えている．南部の多くは1961年に策定された「東京港改訂港湾計画」によって埋め立てられた新しい街区である．その街区平均面積は1万 m^2 を超えており，それ以前の他の街区と比較して，かなり大規模である．用途も工業系である．

■運河の形成と消失年代分析

　1680年以前に形成された運河は，小名木川と大横川，横十間川の一部である．直線の運河が多く，計画的に運河の形成が行われていた．小名木川は，徳川家康が江戸に入り最初に開削した運河であり，この地域の発展のきっかけともなった重要な運河である．

　1680～1779年に形成された運河は大島川，仙台堀川，中川などである．1909年以降は，埋め立て造成に伴い，それぞれの埋め立て地の間に運河が形成され，1925～1937年の間には，小名木川と横十間川が拡幅された．これにより，近代工業地帯としてさらに発展した．

　一方，震災以降，運河は現在まで消失していく．関係する8つの年代の地図により，運河消失年代図を作成した（下図参照）．

　1925年以前はそれほど大きな消失はないが，1925～1937年にかけては帝都復興事業の影響もあり，運河の消失が進み始める．境川（現在の清洲橋通り），元〆川（現在の元八幡通り）などは，道路をつくるために埋め立てられた．

　1937年以降は，1958年に木場の新木場移転が計画されたこともあり，徐々に現在の木場公園から木場が新木場へ移転し，運河も消失していった．また，五間堀，砂町川などが戦災による瓦礫の処分のために埋め立てられ，1974年には隅田川と木場の間を東西に流れていた油堀も，首都高速9号線の建設に伴い埋め立てられた．

　江東区は近年，水辺を活かしたまちづくりを行っている．しかし，区の南部に木場を移動した後，木材の原木輸入が禁止され，新木場は劇的に衰退した．その巨大な街区は，現在流通ストックに変貌し，必ずしも良い環境にない．

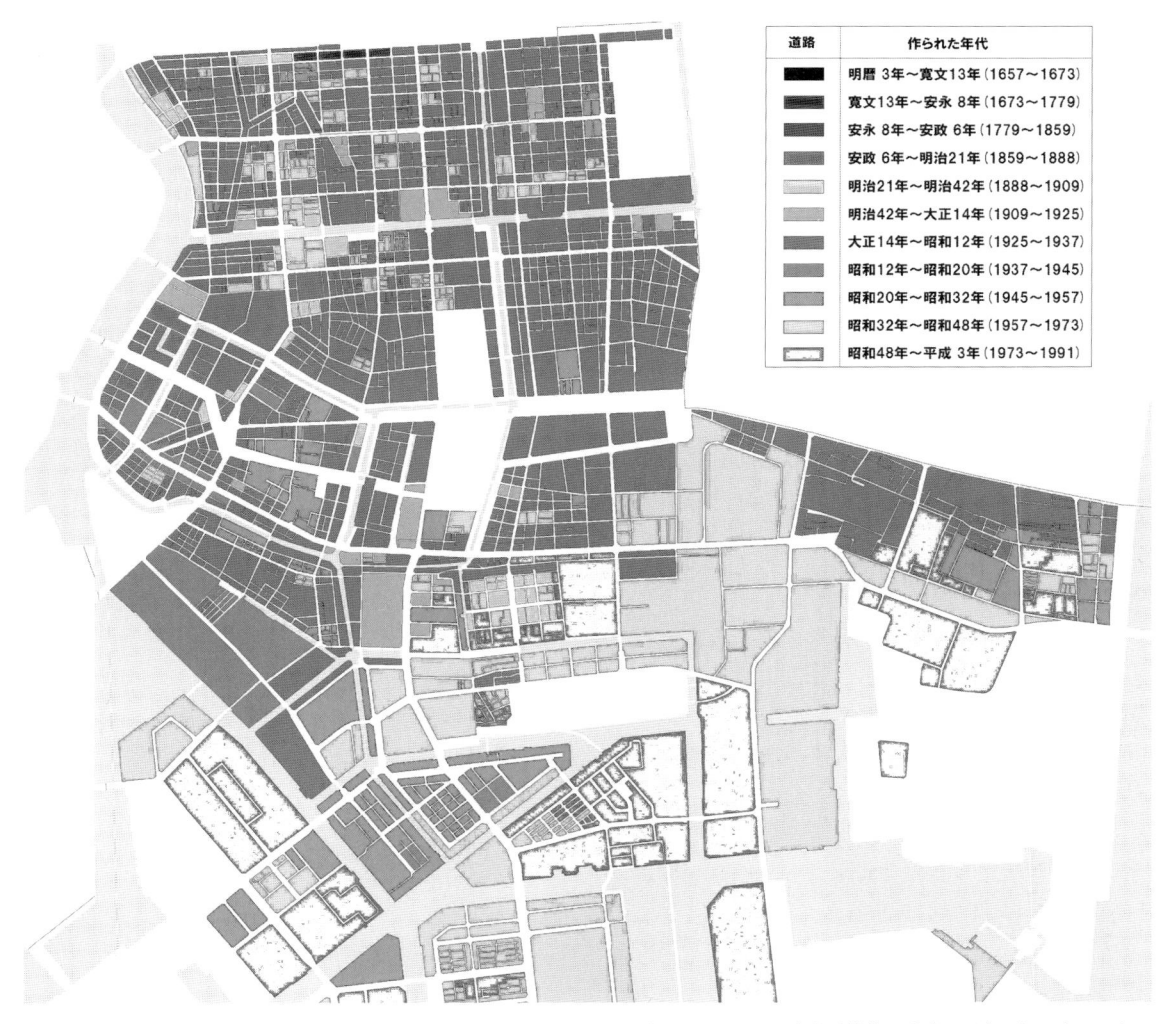

道路	作られた年代
	明暦 3年～寛文13年（1657～1673）
	寛文13年～安永 8年（1673～1779）
	安永 8年～安政 6年（1779～1859）
	安政 6年～明治21年（1859～1888）
	明治21年～明治42年（1888～1909）
	明治42年～大正14年（1909～1925）
	大正14年～昭和12年（1925～1937）
	昭和12年～昭和20年（1937～1945）
	昭和20年～昭和32年（1945～1957）
	昭和32年～昭和48年（1957～1973）
	昭和48年～平成 3年（1973～1991）

江東区の街区形成年代図．江戸時代の街区はごくわずかしか残っておらず，ほとんどが関東大震災後の形成，昭和の埋め立てによって形成されている．出典：宮脇研究室作成．

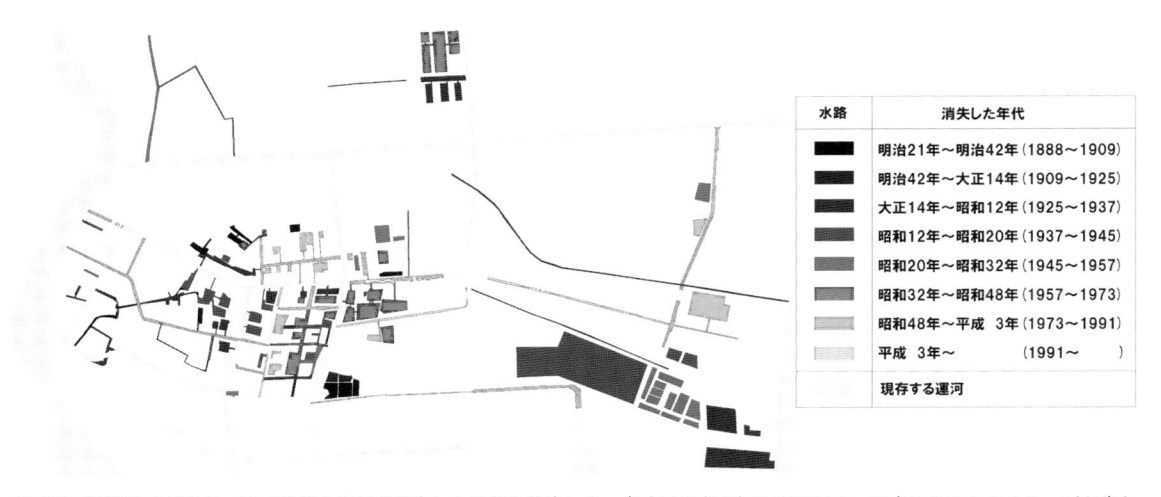

水路	消失した年代
	明治21年～明治42年（1888～1909）
	明治42年～大正14年（1909～1925）
	大正14年～昭和12年（1925～1937）
	昭和12年～昭和20年（1937～1945）
	昭和20年～昭和32年（1945～1957）
	昭和32年～昭和48年（1957～1973）
	昭和48年～平成 3年（1973～1991）
	平成 3年～　　　　　（1991～　　）
	現存する運河

江東区の運河消失年代図．江戸時代の運河が消失した時代を特定した．多くは昭和の埋め立てによって水辺のランドスケープが失われた．出典：宮脇研究室作成．

4

都市デザイン
Urban Design

4.1 パブリックスペースの再生
4.2 中心商業地区の都市再生
4.3 工業地区の都市再生
4.4 住宅地の都市デザイン

42 アーバンデザイナーの役割
マスタープランとマスターアーキテクト

■アーバンデザイナーの役割

　都市をデザインするためには，全体調整役が必要である．その総括者が存在しないと，まとまりのある市街地は形成できない．パブリックスペースを創出するマスタープランが必要ということは，日本の再開発でも理解されている．そして，そのマスタープランを空間的に魅力あるものに誘導し，ハード面のクオリティを上げるためには，アーバンデザイナーが必要である．マスタープランをつくるアーバンデザイナーと実施設計を担う建築家集団が，一つの組織をつくり，行政組織と共同されなければ，クオリティや新たな都市デザインは実現できないだろう．

　また，単にファサードだけの議論では，建築家が十分に力を示すことができないため，より個性的な都市空間の議論をすべきである．また，複数の建築家をまとめるためには，尊敬されるリーダーの建築家（マスターアーキテクト）が必要である．

　アーバンデザイナーとマスターアーキテクトには明確な定義はないが，両者の視点は近い．海外では，両者の役割は両立可能である．

■建築家との都市づくり

　例えば，p.94で取り上げているリバプール・ワンでは，建築家のテリー・ダベンポートがマスタープランを作成した．建築家の関心が高い，小さなスケールのディテールのスタディを早くから議論し，場所づくりのセンスを議論した．選定された建築家の意向を，マスターアーキテクトはまちづくりに積極的に活用している．孤独に建築家を都市に放り出すのではなく，全体グループの中の一員としての関係性を持続的に感じられるように，十分な注意が払われている．

　また，マスターアーキテクトのダベンポートか

マスターアーキテクトのテリー・ダベンポート（BDP所属）．

ら建築家に要求したことは，建築の正確なサイズやボリュームだけではなく，そのデザインの方法をレポートやドローイングにして，ディベロッパーに説明することであった．

　マスタープランを仕上げる過程において，建築家との対話をもたらす，22のサイト別のブリーフィング・ドキュメントがつくられた．建築家はそのコンセプトに必要以上に縛られることなく，しかし，周囲との関係性を書類や図面でマスターアーキテクトから求められた．

　このマスタープランとブリーフの方法が，全体の合理性の確保とともに，建築家それぞれの仕事に有効に働いた．こうしたマスターアーキテクトと建築家の関係は，単なる調整といった関係以上のもの，「信頼」を含んでいたと考えられる．

■視界・眺望のコントロール

　マスタープランによる眺望コントロールや高さ規制も見られる．保全する眺望の対象物は，世界遺産のロイヤル・リバー・ビルディングの塔（1911年建造，登録建造物グレードⅠ，高さ90m）に対する眺望保全である（左上写真参照）．地区内に残るレンガ造の歴史的建造物の保存とその両側の開発の高さも規制している．

都市開発で眺望コントロールするには，全体のボリュームをコントロールできるマスタープランを必要とする．リバプールでは，街のシンボルであるロイヤル・リバー・ビルディングの塔が見えるように，眺望コントロールを導入している．Credit：BDP．

マスタープランによって生まれた新たな都市軸．商業地区から世界遺産アルバート・ドック（歩行者道の先）をつなぐ動線と新たなビスタが生まれた．Credit：David Thrower．

リバプール・ワンの建築家
1 Dixon Jones
2 Page & Park Architects
3、3A/B Haworth Tompkins
4A/B/C Brock Carmichael Architects
5A/B Stephenson Bell
5A Facade Hawkins/Brown
6 Glen Howells Architects
7/7A Haworth Tompkins Brock Carmichael
8 Greig & Stephenson
8(pavilion) FAT
9 CZWG Architects
10 John McAslan & Partners
10A Wikinson Eyre Architects
11 Squire & Partners
12 Pelli Clarke Pelli
13A BDP
13B Allies and Morrison
13C/D BDP
14 BDP
14B Facade Marks Barfield Architects
15 BDP/Groupe 6
16G Studio Three
17/17A Wikinson Eyre Architects
18 Chapman Taylor
19/20 ASL
21/22 To be appointed
道路公共施設 BDP
Chavasse Park BDP and Pelli Clarke Pelli
水の施設 Gross Max

リバプール・ワンの開発地区の全体と 22 のサイト別の設計を担う建築家の配置．出典：文献 70．

4.1 パブリックスペースの再生

43 ウォーターフロントの都市デザイン
ゲーツヘッド市の都市再生

■ ゲーツヘッド市の脱工業化都市再生

　イギリスの北部，人口19万人の都市ゲーツヘッド市が，芸術都市に再生し，世界に知られるようになった．17世紀まで炭坑の町として栄え，19世紀から20世紀初頭にかけて製鉄など重工業が建設されていた．90年代において，都市再生の模索が始まった．再生のきっかけは，『北のエンジェル』という巨大彫刻をはじめ，工業地区のタイン川沿いに『バルチック現代芸術センター』『ミレニアム・ブリッジ』『ザ・サージ・ゲーツヘッド（音楽センター）』といった新しい芸術的なシンボルが連続して建設された．

■ 水辺に集中する先導的公共事業

　1996年にゲーツヘッド市が主催したコンペで選ばれた『ミレニアム・ブリッジ』が，2001年にタイン川にオープンした．歩行者と自転車が通行し，船の往来の際に橋が回転する．設計者の建築家ウィルキンソン・アイルの案がコンペで選出された．橋のライトアップも夜のランドスープを特別なものにしている．

　『バルチック現代芸術センター』は，ゲーツヘッドの芸術都市再生の構想の柱として，1994年にRIBA（王立英国建築家協会）がマネジメントする建築国際コンペとなった．1982年に封鎖された小麦粉の製粉工場のサイロを，地区のランドマークとして壊さずに，ビジュアルアートのセンターとして再生する建築家ドミニク・ウィリアムが選ばれ，2002年にオープンした．『ザ・サージ・ゲーツヘッド』は，音楽センターで，1997年にRIBAがマネジメントするコンペとなり，ノーマン・フォスター案が選ばれ，2004年にオープンした．デザインの特徴は，水辺沿いに湾曲したランドスケーピングにある．その外観に見られるガラスの表皮は，中がパブリック・コンコースになっていて，水辺の街並みを一望するプロムナードとして，カフェ，バー，ショップも楽しむことができる．

■ 眺望という都市デザイン戦略

　タイン川という水辺の眺望は，2つの都市行政界の端ではなく，「一つのランドスケープ」の中心として戦略が組まれている．そこで，眺望アセスメントは，その特徴を明らかにする役割がある．

　現状調査から抽出された13の眺望点から得られたビューコーン（眺望視野角とその影響範囲）を重ねた図では，水辺の眺望点または丘から見下ろすことができる眺望点の重要なエリアが，川沿いに集中的に広がっている．

■ 眺望とスカイラインを導入した地区戦略

　眺望アセスメント手法は，地区計画でも鍵となる．MU9と呼ばれる開発エリアが，これまでの公共事業の中に残されている．2001年に作成されたアーバンデザイン戦略によれば，土地区画を決定する前の段階で戦略的眺望を選出し，それを土地区画や公共空間の配置に役立てようとしている．特に注目されるのは，公共性の高い視点場を設定し，そこから見えるランドマーク（教会，ブリッジ）や水辺の近景を確保したオープンスペースの確保，それを阻害しない建設用地，道路用地の決定の手順である．これによって，水辺を誰もが楽しめ，地域のアイデンティティを強化するランドマークが正面に見えるように配慮してある．さらに，地区全体のスカイラインにも方針づけられている．これまで公共事業によって創出したランドマークや水辺のオープンスペースを最大限活かす将来像である．

ゲーツヘッドのアーバンデザインは，タイン川沿いの工業地区の再生するもの．左側に『ミレニアム・ブリッジ』『バルチック現代芸術センター』，右側に『ザ・サージ・ゲーツヘッド』の音楽センターが並ぶ水辺のランドスケープを形成した．カラー口絵参照．

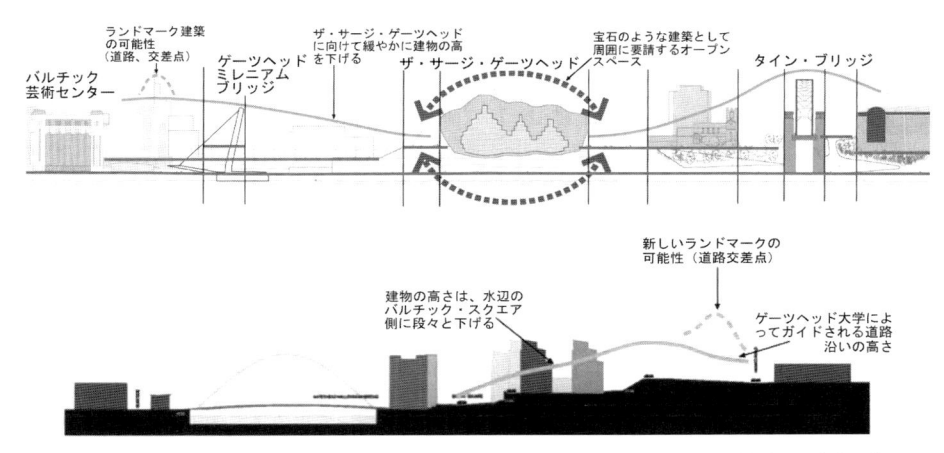

新しいスカイラインの計画案（MU9 地区，2007 年）．先導的に建設されたランドマークの高さを尊重し，今後予想される開発全体の高さを規制する．シンボリックな音楽センターや水辺沿いのオープンスペースに面して，低く制限し，離れるほど徐々に緩める．出典：文献 72．

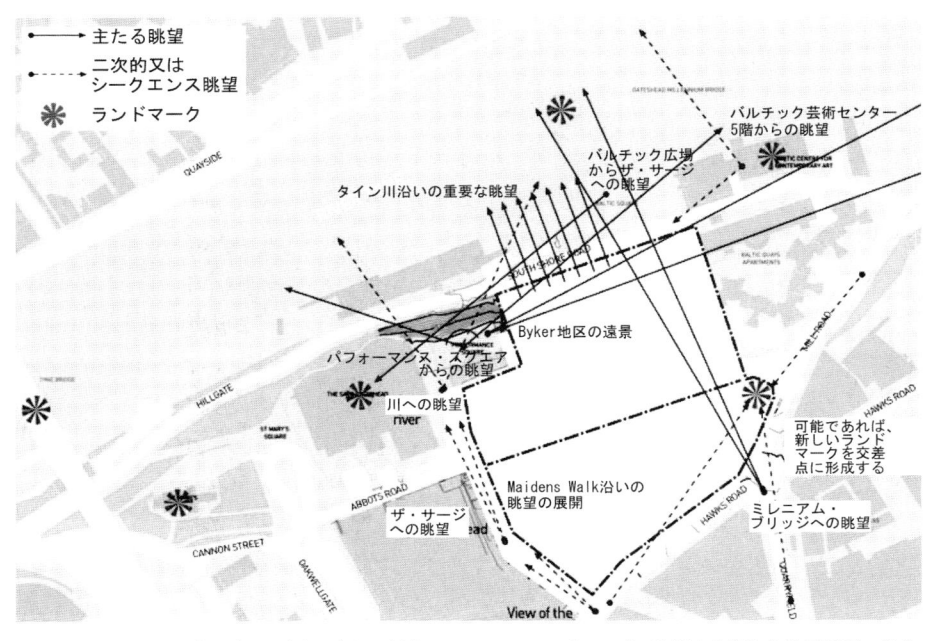

MU9 地区戦略における眺望の活用（2007 年）．水辺や教会，ミレニアム・ブリッジの眺望を確保した地区計画．出典：文献 72．

4.1 パブリックスペースの再生 | 89

44 運河沿いのプロムナードと水域占用
東京の朝潮運河

■運河ルネサンス

2005年東京都は運河ルネサンスを構想し、水辺の活用を図るため、様々な規制の緩和が想定された。この時期、筆者の研究室では、ちょうど東京都中央区の朝潮運河の活用を研究していた。区では市民組織とともに様々なイベントに参加しており、その中で月島側に建設予定の防災護岸を学生とともに設計し、プロムナードや船着き場、公園、工業施設の再生を提案した。朝潮運河の対岸には、東京港のターミナル、超高層マンションや東京オリンピックのメインスタジアムの計画地もあり、東京の水辺を楽しくする提案(研究室の勝手な提案)である。区では、何度か展示と講演会で市民に公表した。

■水上交通を楽しめる東京へ

地元の協力やNPO地域交流センターとの共同により、研究室では学生と東京の水上にボートでランドスケープを楽しんだ。東京もヴェネツィアのように水上交通ルートが江戸時代から計画されていたこともあり、そのランドスケープにみせられた。しかし、長い間防災のためにカミソリ護岸がつくられ、人々は水辺から離れていった。再び東京らしい水辺都市を目指して、河川護岸の検討と活用を提案した。

■水域占用(水上や護岸の利用)

運河の水辺でカフェやレストランを着岸させるかたちで提案を行ったが、その場合、東京都による水域占用許可(港湾法)が必要となる。浮体施設に関わる法律は、建築物と見なされる部分には建築基準法と消防法などが、構造物には水域占用許可に関わる港湾法などが、またそれが移動する船として機能する場合は、船舶安全法が規制として加わる。例えば、2005年に東京初の民間の水上ラウンジWATERLINEは常設の海洋建築物として設置されている。一方、2003年の大阪に、仮設のリバーカフェSUNSET37といった浮体構造物では、水域占用などの事例がある。朝潮運河に対して研究室からは、屋形船を着岸し、水上屋台としたり、バージ船を着岸させて商業利用、市民菜園、公共利用を促す案を提示した。

朝潮運河の月島側に防災護岸とプロムナードの提案。行きつ戻りつ、水の流れをイメージしたスローな歩行を推奨するプロムナードの設計提案。直線護岸への批判でもある。出典:宮脇研究室作成、2005年。

朝潮運河の月島側を少し大きく埋め立て、防災公園と防災センターと船着き場(中央)を提案している。奥の水辺には商業施設が計画提案されている。出典:同左。

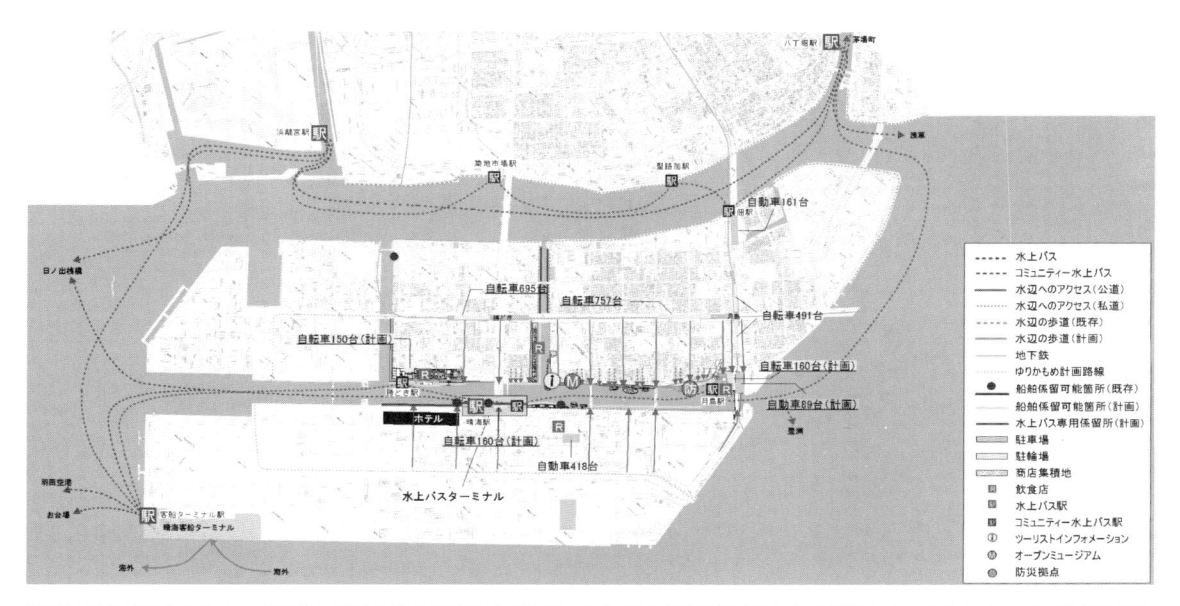

朝潮運河を活用するため，市街地と運河を結ぶ歩行動線で結び，水上交通を発達させることを提案した．これによって，現在は行き止まりの路地裏の水辺が，表の空間へと変貌する．

朝潮運河では，水辺のアクティビティ・ランドスケープのために，運河の水面や護岸に人々が集まるような護岸のデザイン，海洋建築物や浮体構造物，屋形船などの着岸と水陸占用活用，水上イベントなどの複合プログラムの提案を行っている．本頁の2点とも出典：宮脇研究室作成，2005年．

4.1 パブリックスペースの再生 | 91

45 公共空間の創造と歴史的建造物の保存
ブラッドフォード市の都市再生

■ブラッドフォード市の都心マスタープラン

　2003年に発表されたブラッドフォードの都心地区のマスタープランは，「ブラッドフォード都市再生」というまちづくり会社が市と共同して推進したプランである．マスターアーキテクトのウィル・アルソープは，この組織に採用されてマスタープランづくりに取り組む．

　ブラッドフォード市は人口約30万人の都市で，近隣の大都市に比べてこれといった魅力のない街である．自動車中心のブラッドフォード市街は郊外へと拡大し，都心は空洞化した．日本の地方都市の中心市街地と同じで，空きテナントが目立っている．これに着手するにあたり，全域を16 km×16 km（グリッド幅1 km）に割り，市街地が集積する区域を8 km×8 kmに，都心を2 km×2 kmに分けて戦略を考えている．

　都心の2 km×2 kmの戦略を取り上げると，その提案は独特でシンプルである．都心のパブリック・スペースをデザインし直すことで，車を排除し，魅力ある都心の場をつくるものである．そのために，価値の低い近代建築を取り壊し，そこに魅力的なランドスケープデザインをもたらすことを提案している（上図参照）．

　その際に，街中に埋もれていた文化遺産要素を公園に面して復活させることの重要性を示している．かつて毛織物業で栄え，市民がプライドに思う歴史的な建造物を活かす方法が強調された．その最も象徴的な絵が，水辺の図である．都心のど真ん中に水辺をつくるという案は，人々を魅了した．街の顔になっているのは，市役所の歴史的建造物である．街の魅力が回復されれば，そこに進出したい開発企業や住民も出てくるため，新しい建築物が供給可能となる絵である．ランドスケープが都市を変えるという力が示されている．

■都心4地区のメイン・プログラム

　都心は大きく4つの地区の再生がプログラムされている．

　1）ボウル（水盤）：市役所と新しい水辺が計画されるエリアで，そこでは展示施設（現存する美術館の拡張），技術習得施設，ビジネス・オフィスからなる．

　2）チャンネル（水路）：水路沿いはレジャーと商業活動のための施設を既存の施設と併用して創造する．運河通りエリアには住宅と一つのコミュニティを形成する．

　3）マーケット（市場）：既存の中心商業地をまとめ，健康と出会いのための新しいコミュニティを形成する．選択できる多様な文化的商業を再強化する．

　4）バレー（谷）：谷地をあらわにするコリドーを形成し，地区を活性化する．地区内には湿地や幼稚園，多様な庭園を含める．

　こうした都心を2つの谷でつなぐ公園のランドスケープデザインによって，隣接するビクトリアン様式の歴史的建造物も，公園に面して活用していく．市を代表する歴史的建造物が引き立つことで，その街の重要性（歴史的存在価値）が認識されるようになる．

■マスターアーキテクトの姿勢

　アルソープは，マスタープランを形で固定する必要はなく，柔軟に対応することが大切だという．重要なのは場所の改変プログラムであり，必ずしもマスタープランナー（代表者）が実施設計しなくてもよいという姿勢が必要である．市行政はアルソープの案を考慮し，市民に公表して意見を聞いてきた．こうした姿勢にも好感がもてる．こうした大胆な案は，ときに都市を魅力的に変えるうえで重要なけん引力になるだろう．

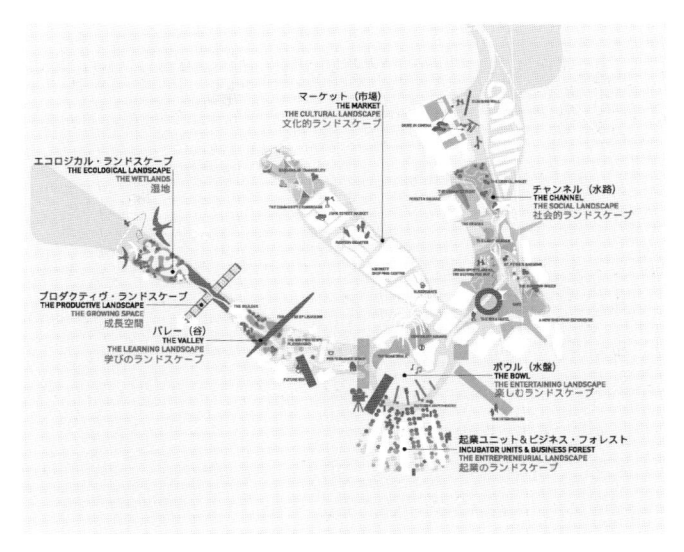

ウィル・アルソープによる都心再生マスタープランの提案（2003年）．都心2km×2kmに谷地形を活かして戦略的な公園計画の提案している．カバーのカラー図も参照．

「ボウル（水盤）」の提案．無個性で自動車中心の都心から，人々の水辺，広場，歴史的な建造物，新しいランドスケープの提案．

「エコロジカル・ランドスケープ」の提案．都心近郊に湿地帯を生み出し，動植物と共生する提案．本頁の4点とも出典：文献71．
Credit：Alsop Architects/All Design.

46 商業地区のマスタープラン
リバプール・ワン

■**リバプール・ワンの特徴**

イギリス北西部の海商都市として世界遺産に登録されたリバプール市の人口は約45万人，都市圏で110万人の地方中核都市の一つである．しかし，戦後の経済の低迷は深刻化し，アルバート・ドックの閉鎖とともに，中心市街地は大きく衰退した．そのような中，世界有数の港町だった都市構造を活かすウォーターフロント型の都市再生を目指すこととなった．

中心市街地を再生するため，ディベロッパーのグロブナー社とイギリスを代表する組織設計事務所BDPが組んで，コンペで当選し，「リバプール・ワン」と呼ばれる民間主導の都市再生が始まった．グロブナー社の方針は，「商業開発であるが，メガモールではない」というもので，郊外型の巨大ショッピングセンターのデザインを中心市街地に持ち込むのではなく，街路と公園の屋外空間（オープン・モール）を中心とした，中小の建築群の集合として中心市街地の再生を果たした．

その都市デザインは，デザイナーが一人で街を統一デザインするのではなく，多くの建築家の個性を結集するように期待したものであった．ただし，「リバプール・ワン」という名前のとおり，一つの街としての全体アイデンティティを獲得するために，全体調整するマスタープランを必要としていた．そのマスターアーキテクトとして，BDPのテリー・ダベンポートが選ばれた．

2000年から2004年までに作成されたBDPによるマスタープランの内容は，計画から10年経ってとうとうオープンした．

■**マスタープラン**

BDPのマスタープランは，約17 haに及ぶリバプール・ワン全体の区画割りのデザイン，街路やオープンスペースの形態デザイン，各街区の再構成や建物高さボリュームの調整，各建築家との協議といった，新しい市街地のビジョンを決定する重要な仕事である．こうした公有地を含む土地利用形態をデザインすることは，アーバンデザインの最も重要な側面であるが，既成の中心市街地において巨大な規模で実施したという点で驚くべきものである．

また，アメリカのシーザー・ペリのチームが参加し，チャヴァス公園を中心にした2つの楕円形のスカイラインにエッジをつけるアイデアを示した．これにより，公園周囲の設計者の異なる建築物をつなぐまとまりがはっきりした．公園側の楕円の長辺は約240 m，短辺は約120 mと大きなスケールである（中央左図参照）．

アンカーとなる商業ビルで人が回遊する街路のレベルは，大きく3層構成になっている．ローレベルの回遊動線は1階レベルの街路であり，ミドルレベルの回遊動線は，地区全体の地形上のずれを吸収するもので，北側からのアクセスレベルで中層に入り込む．このため，2層部分の商業街路網を構成しており，ヨーロッパでも随一の街路型商業地区を形成している．そして，最上階のハイレベルの回遊動線は，レジャー機能を有する公園やレストラン，映画館のレベルである．

リバプール・ワンの地区内には，自動車の出入りがなく，安心して歩ける構成になっていることも重要である．駐車場は，地区の外側の幹線道路に接するところに大きく2ヵ所に設置され，特に公園の下や商業ビルの地下に広がっている．こうした立体的な地区全体の構成は，マスタープランによって導き出された特徴である．さらに，公共の道路空間の素材やデザインも高質であるのは，民間主導の整備の結果である．

リバプール・ワンの全体像．中心市街地の大部分が再開発され，保存される歴史的建造物を含み，26の建築に分けられている．
Credit：BDP．カラー口絵参照．

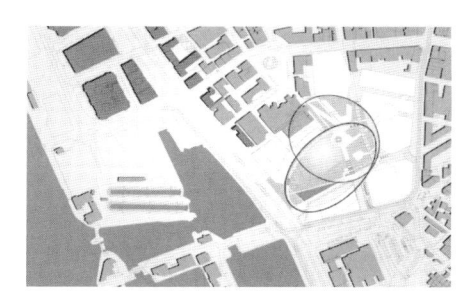

シーザー・ペリによる楕円のスカイラインの導入によって，秩序が与えられた．Credit：Pelli Clarke Pelli.

ショッピングセンターの最上層は，この大きな公園に面して連結している．

リバプール・ワンのアンカーの一つである商業ビルのオープンモール．人が回遊する街路のレベルは，大きく3層構成になっており，ヨーロッパでも随一の街路型商業地区を形成している．本頁の4点とも出典：文献70.

4.2 中心商業地区の都市再生 | 95

47 道路の占用とオープンカフェ
ヴェネツィア，シエナ，ロンドン

■**オープンカフェの由来と利点**

　オープンカフェの発生は，南ヨーロッパの地中海に由来した文化であるといわれているが，正確な記録が残っているわけではない．しかし，地中海の乾燥し，晴れが多い気候において，屋内空間よりも，屋外空間に日除けを付けて座ることは，実に心地の良いものである．

　オープンカフェが実用的であるのは，こうした気候的な心地良さに加え，視覚的な楽しみである景観や人々の活動が楽しめる点が大きい．利用者は地域の住民が多く，観光地では観光客も含め，屋外は誰にでも利用しやすい．オープンカフェが街中の便利な場所に設置されていることから，待ち合わせ場所としても機能する．北欧，北米の寒冷地でも，カフェ文化の普及で許可されている．

　日本では道路法によって原則禁止であるが，2011年の都市再生特別措置法の改正により，都市再生整備計画区域内で常設が可能となった．その他，社会実験も複数見られる．

■**オープンカフェの行政上の特徴**

　オープンカフェは，道路や広場の公有地上でテーブルや椅子を設置する商業行為である．したがって，道路管理者である行政の規制がある．まちづくりには様々な規制を用いているが，オープンカフェを実施するうえで重要な規制には，交通規制，建築物規制，広告規制が挙げられる．

　自動車の流入を制限する交通規制が実施できれば，その場所の空気や音について大幅な改善が期待でき，人々が徒歩で集まる可能性が高まる．次に，テーブルに座ったときに快適に感じるためには，町の顔となる良好な建築物，緑が見えていることが重要である．当然，人が集まるところに広告物を出そうとする圧力が高まるが，広告物は，店舗名を示すなど規制されている．このようにオープンカフェに必要な規制を敷いたうえで，テーブルを道路上に置く許可手続き（規制の緩和）がされる．

　なお，具体的には自治体によって様々にルールが異なる．また，オープンカフェは，屋台など独立移動式の露天とは異なり，近隣の建物内に厨房をもつ店舗が，道路上に営業範囲を拡張する行為で，明確に区別されている．

■**ヴェネツィアのオープンカフェ**

　ヴェネツィア市の島の場合，道路への自動車の流入が禁止されており，また，道幅の狭い路地の多い街であるため，観光客でいつも一杯である．

　市役所の都市空間係で，占用許可道路分類図が作成さており，道路占用許可条件として，通常の通行量で2.4m以上の道路幅，通行量の多い道路で3.2m以上の道路幅で許可がなされているため，路地のカフェにも一定の制限がある．

　また，道路占用ガイドラインも作成され，歩行に必要な幅として最低限1人60cm幅，道路中心線からすれ違うことのできる合計120cm幅を残して，店舗幅の商業行為の道路占有を許可している．ちなみに，厨房をもつ店舗が道路に直接面していなくても，ウエイターがサービスできる距離であれば許可される．

　また，道路占用にあたり，個々の場所に応じた占用の方法および占用料の算定方式が異なっている．市内の設置場所はすべて地図上で管理されている．

　例えば，中心広場であるサンマルコ広場のオープンカフェでは，広場全体の大きさから考慮した椅子の最大数が定められている．したがって，広場に面する店舗全体で調整が求められているのが特徴で，占用料を支払っても，無制限に椅子を出せるわけではない．

ヴェネツィア市サンマルコ広場のオープンカフェの様子．夕方から音楽が奏でられる優雅な広場となる．椅子は広場全体で統一された高質のものが採用されている．

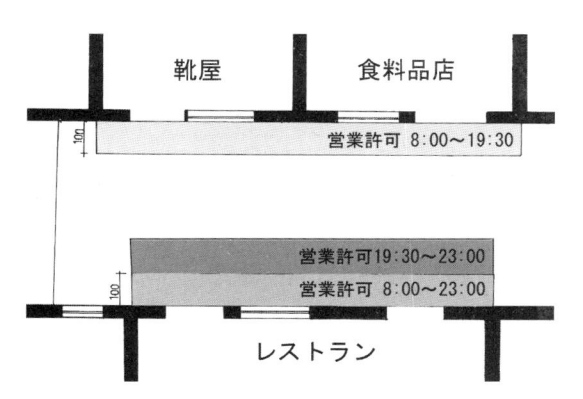

ヴェネツィア市の道路占用と許可営業時間のルール．図の上側は，物販店の前の道路占用（8時から19時30分）の例，図の下側は，レストランの前の道路占用（8時から23時）の例である．レストランの前の場合，拡張占用（19時30分から23時）も許可できる．占用面積に応じて，占用料（税金）は増加する．

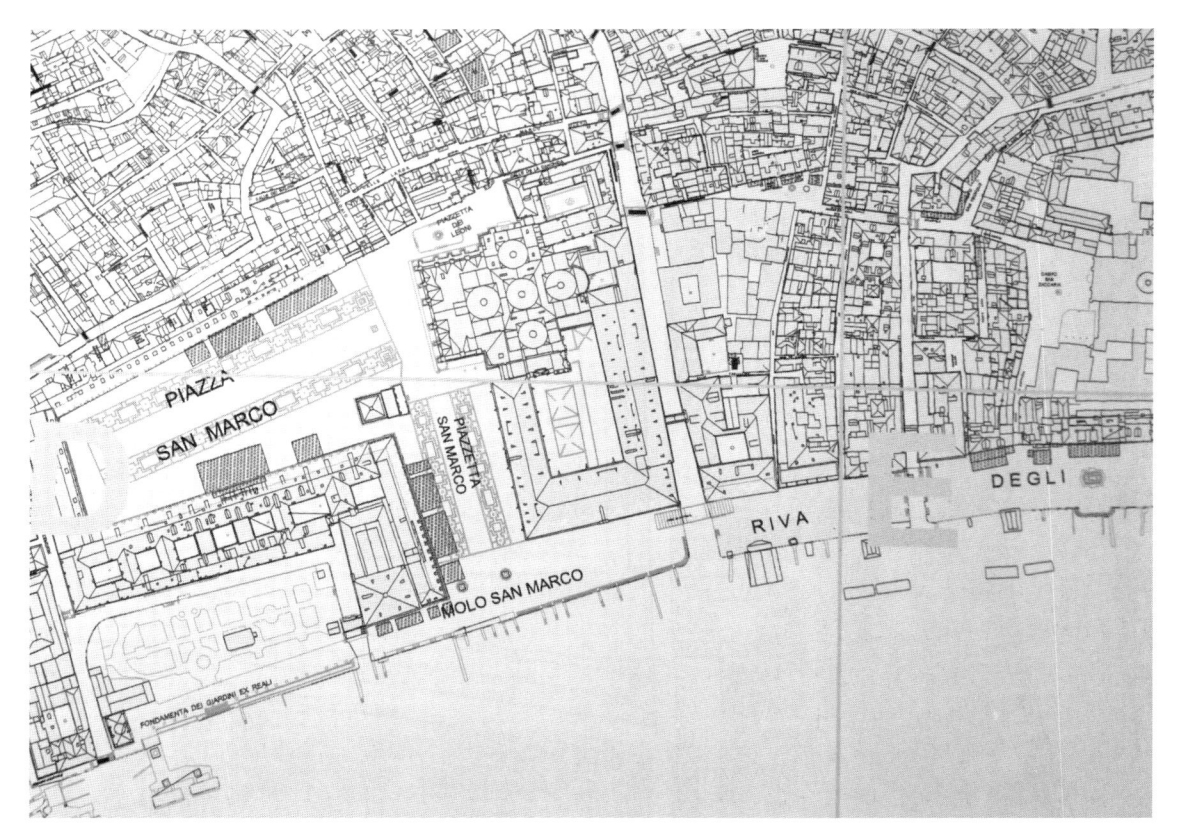

ヴェネツィア市サンマルコ広場から海岸プロムナード沿いのオープンカフェ設置許可を示した図面（部分）．斜線部のように広場や道路沿いに占用許可の場所が正確に記されている．市作成．右上図および下図の出典：文献74．Credit：Città di Venezia．

4.2 中心商業地区の都市再生

また，ヴェネツィアの歴史的な町並みの中でも最も重要な場所であるから，歴史的環境に合わせて，テーブルや椅子のデザインおよび素材について，市役所だけでなく，国の文化財監督官からも指導許可を得なければならない．ここは一等地であり，占用料も最も高額となっている．

■シエナのオープンカフェ

一方，同じイタリアのシエナ市のオープンカフェの例では，占用料の体系として，地図上で3つのエリアに分類したうえで，都心ほど使用料は高く設定されている．有名なカンポ広場にもオープンカフェが連なっており，テーブルの出幅を店舗から5.5mまでと規制したうえで，面積に応じた占用料の算定を行っている．

さらに日除けには目立たないような茶色の色彩統一と，その軒先に店舗名を白文字で表示するなど，景観上の制限がセットされている．これによって，広場全体の風景を損なわずに，飲食を楽しむ人と，商業に関わらずに広場で時間を過ごす人とが共存できている．

■ロンドンのオープンカフェ

ロンドンの中心に位置するウェストミンスター区の都市計画交通局が1999年の条例に基づいて作成したガイダンスによれば，道路占用は「カフェ文化」として位置づけられているのが興味深い．単なる商業行為ではなく，高まる生活ニーズに対応し，観光客の増加にも寄与する文化として認めている．

一般の道路についてガイダンスによれば，通行者（身障者を含む）を阻害しない幅を確保したうえで店舗前にテーブルを置くことが可能である．コーヒー・ショップでも小規模なものは，道路占用許可申請を免除しているが，屋外での滞在が主となるカフェやレストラン化しているものは占用許可を取らなければならない．

特に気をつけなければならないとされるのは通行幅と近隣への配慮である．カフェの騒音は近隣住民には不快なものであり，オープンカフェの営業時間の設定が求められるのはこのためである．

そのほかにも屋外に置かれる家具の色彩や素材にも留意が求められる．また営業主には，道路の清掃義務も課せられる．さらに安全上の理由から，家具の耐久性，広告板の禁止，ヒーターなどの設備の制限が規定されている．

使用可能な道路幅は，店舗の前面幅までとし，歩行者専用道路の場合，道路断面の中心に1.8m幅の通行幅を確保する必要がある．また，道路幅が5.4m以上ある場合，全体の3分の1を超えてはならない，といった具合で規定している．

例えば，ロンドンの中心広場であるレスタースクエアが有名であるが，車の通行は制限されている場所である．公道のカフェ利用については，プランニング許可および路上販売ライセンス許可という2つの許可制度により運用されている．

営業時間については原則23時までと制限があり，その後は片づける必要がある．許可申請料金について，計画許可の基本料と設置する椅子の数や営業時間日数に応じた路上販売ライセンス料が掛かる．許可期間については計画許可1年間・路上販売ライセンス許可は6ヵ月間，店舗所有者のみ許可などとなっている．カフェのための審議会が区に設置されていて罰則の規定もある．

■ロンドンの露天（ストリート・マーケット）

一方，オープンカフェではなく，物販のための露天で道路占用するストリート・マーケットも見られる．ポートベロー地区は，19世紀から外国人が移住してきた地区であったが，道路を使ってマーケットを開いたのは安価に品物を購入するために不可欠であった．こうした歴史自体を認める制度化がなされ，ロンドン市内のいくつかの道路で占用を許可している．

現在ポートベロー地区は，代表的なストリート・マーケットとして観光客も多く，道路上に並ぶ店舗は，小物から大型の家具，野菜などの食料品，一般市民の展示販売に至る．これらは，地区内にある管理センターにおいて，物販の種類で通りをゾーニング区分し，配置している．希望者には一年単位で許可されるタイプを一般市民が一日単位で許可されるタイプとがある．

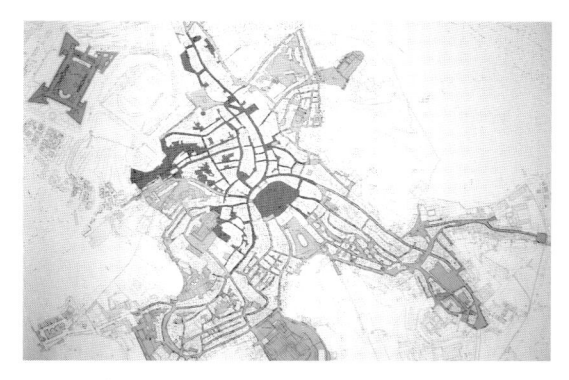

シエナ市内のオープンカフェの占用基準エリア．市作成．

シエナ市カンポ広場のオープンカフェの様子．広場の風景を第一に，商業行為や広告行為は控えるルールがあり，空間は豊かに，にぎわいをもたらしている．最近建物の外壁が修復された．この場所には中世時代，既に景観条例があった欧州最古の例でもある．カラー口絵参照．

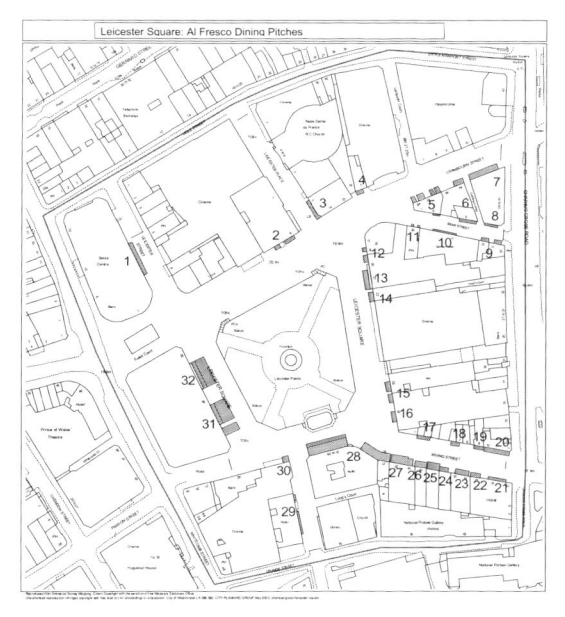

ロンドンのレスタースクエアのカフェ設置に関するプランニング許可および路上販売ライセンス許可区域．ウエストミンスター区作成．

レスタースクエアのオープンカフェの例（地図の32番のカフェ，許可112席）．

ロンドン・ポートベロー地区のストリート・マーケット許可図（部分）．

ポートベロー地区のストリート・マーケット（道路面に管理用の番号マークが記載されているのが見える）．

4.2　中心商業地区の都市再生 | 99

48 工業地区の都市再生と市民参加
サンフランシスコのミッションベイ地区

■都市デザインと市民への公開

　アメリカほど徹底した開発公開制度をもっている国はないであろう．サンフランシスコ市ミッションベイの工業跡地の再生計画の立案には，市の都市計画審議会，都市計画局，再開発公社が関わっている．

　特に，都市計画審議会は，都市計画規制や大規模開発の審議を頻繁に公開で行っている．開発者は，公開の場で模型やパワーポイントを用いて開発内容を説明している．聴講者は事前に登録も必要なく，市民にも意見を述べる機会がある．さらに，市民アドバイザー委員会が組織され，第三者組織として開発を監視している．

■ミッションベイ地区の再生

　ミッションベイの再開発経緯は実に長く，3期に分けられる．1981～1984年のJ.ワーニック案，I.M.ペイ案などのディベロッパーのみで計画した第1期，1990年までに，市が主導して低所得者用住宅などを組み込み，アメニティを重視したS.O.M.による都市デザインの作成や開発協定を結んだ第2期，経済低迷による開発の遅延，市民の反対，市長の交代，前開発協定を破棄して方針転換，再開発地区指定などにより，都市計画局から再開発公社に所管を移し，市民参加を導入した第3期である．また，カリフォルニア大学の新キャンパスが中心施設として誘致され，工業地区のイメージが一変されていく．

■市民参加のワークショップ

　1997年，再開発公社，市民アドバイザー委員会の監察下で，ディベロッパー側が市民の意向を取り入れるため，市民公開ワークショップが行われた．特に公共性の高いオープンスペース，街区単位の建物高さ，密度，駐車場のスタディ，人々の活動環境づくりについて理解と予測することに目標が定められた．

　全体マスタープランを構築する際，ディベロッパーが採用した街路パターンは，市の歴史的中心市街地と同じ大きさのVara block（約84 m×126 m）である．工業地区の大きすぎる街区を再編成し，既存の市街地と結びつけることが重要である．

　ワークショップの議論の結果の例を挙げれば，①運河沿いのオープンスペース，人道橋による新しい動線の確保，運河沿いの建物ボリューム配置，高さ規制の考え方が，実際に採用された．ワークショップは6～9月の計4回，準備のための市民アドバイザー委員会（18回），テーマ別ワーキング（26回，住宅・デザイン・交通など）が行われた．9月の公開ワークショップ最終回において，都市デザインガイドライン案と景観基準案がまとめられた．特に重要なのは，①運河沿いを公園として市民に開放すること，②圧迫感を軽減するため，水辺に近いほど高さ制限を厳しくし，離れるほどに高い建物を配置することである．

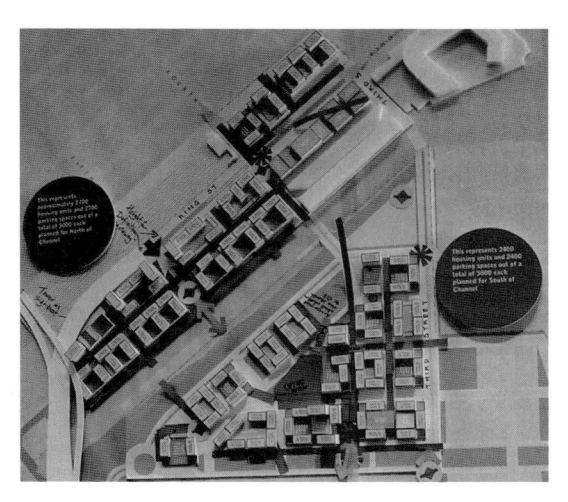

市民公開ワークショップにおけるボリューム配置の検討結果（1997年）．出典：文献76．

サンフランシスコ市都市計画審議会は，毎週のように行われ，一般市民に審議を公開している．開発者は，審議委員だけでなく，公の場で詳細に計画内容を説明しなければならない．一般市民は，ここで計画に対して意見を述べることができる．ミッションベイ地区では，さらに市民アドバイザー委員会が設置され，開発者からより詳細な情報を得ながら，勉強会を開催し，開発計画に市民の立場から意見を述べ，監視を続けている．出典：文献76．

ミッションベイ地区ヴィジターセンターに展示されていた模型（2002年撮影）．市民参加のワークショップ結果を具体的に都市計画規制に反映するため，「地区計画」と「デザインガイドライン」を定めている．これによって，運河沿いの土地利用は，一般に通行できるように公園化され，隣接する建物に高さ規制が導入されている．模型化で規制の内容（奥の模型）と，具体的な設計例（手前の模型）を表現している．下図の2010年の状況も参照すると，高さや形態の検討効果がよくわかる．出典：文献76．

ミッションベイ地区の実際（2010年）．運河沿いの公園プロムナードは，快適な仕様でデザインされている．都市計画基準に沿って，運河沿いの建物高さは低く，写真の背後の街区に高層棟が建ち並んでいるが，水辺からは見えない．所々に道路や公園が街区と街区の間に配置されている．個々の建物のデザインは，具体化とともにばらつくが，その建築物のボリュームや高さのスケールが統一されているために，良い具合に全体のまとまりがもたらされていて，全体マスタープランが有効に働いている事例である．色の規制はなく，一つの建物を多色に塗り分けているわけでもない．しかし，地区全体でマンセル値のYRからRの色相の範囲で多様となり，カラフルで明るい印象となっている．全体性と多様性のほどよい都市計画マネージメントを見習いたい．

4.3 工業地区の都市再生 | 101

49 森と水の都市再生提案
木材産業の再生と新木場

■江戸東京の木場の歴史

　木場の歴史は江戸時代のはじめ，徳川家康が江戸城を建設するため，各地から材木商を集め，道三堀沿岸（今の大手町付近）に材木町を開いたことに始まる．また，木材木町，三十三間堀，南茅場町に資材が集積される．しかし，1641年の大火の後，防災上の理由で隅田川の向こう岸の深川木場（元木場）に移転される．18世紀には，猿江や現在の木場に貯木場が建設され，巨大化する．
　関東大震災や戦災で，木場も被害を受けるが，災害復旧とともに木場が復興する．高度成長期に，工業系の木場はさらに海岸埋め立て地へと移設，1974年から1982年までに，貯木場は，現在の新木場へ移設された．
　森の資源に恵まれた気候の日本で，意外なことに，日本の木材輸入の割合は増加し，木材自給率は約20%と極めて低い．戦後，東南アジアからの輸入木材に頼るようになっていた．しかし，産出国の自然資源を保護するため，1970年代後半から原木の輸出を規制，1990年代までに禁止に至った．このため，新木場の貯木場は必要なくなってしまった．現在，新木場の貯木場は，空っぽの水辺となっている．

■新木場の再生提案へ

　このように新木場が衰退している状況を調べつつ，宮脇研究室と演習で新木場再生マスタープランの提案を行った．現地ヒヤリングや学生達による自由な都市再生の提案を通じて，東京の都市問題を学ぶ意図があった．さらに，2008年には東京イタリア文化会館において，日伊の6大学が共同した展示会とシンポジウムに，新木場の再生提案をまとめる機会があった．
　新木場の提案の特徴は，第一に木場を「森」に変えるという考えである．本当に木の場所にしようとした．そして，その森の中に木材産業のための大学を建設し，日本の木材産業を復興させる人材を育てることを主張している．周囲には，木材加工の工房を配置し，若い人たちが新しいものづくりに挑む場所がつくられる．
　第二の特徴は，水辺の交通システムである．私の研究室では水域の活用について十分研究していたので，水上交通や歩行システムも組み合わせた水上都市の計画に仕上げた．
　第三の特徴はエネルギー自給で，太陽光，風車，海水を用いた温度差発電によって，自立的な産業都市とすることである．
　こうした提案は一つの夢であるが，新木場地区の衰退により，単なるトラック流通倉庫群に変貌している今のあり様に，異議を唱えるものである．

■マスタープランは必要か？

　盛況だった日伊シンポジウムの討論で印象的だったのは，本案のような一つの都市のマスタープランの提案についてだった．日本では全体プランはいらないと，よく建築家は口にする．会場でイタリアの先生からは，それは不合理であるという意見が述べられた．このプランの下敷きには，個々の学生参加者を束ねるため，風と水の渦のような曲線軸を筆者が描いたうえに，学生に設計を求めた（左下図）．そうしなければ，個々の学生の案をただ寄せ集めてもバラバラになるからである．この見慣れない軸の設定こそ，私なりの独自の都市デザインを持ち込んだものだった．
　また，地区全体の真ん中に緑のボイドがあり，建築が囲んでいる様は，東京都心の姿（皇居）と同じであること，高層建築が一つもないことが良いなど，イタリア側から褒めて頂いた．研究室の留学生，大学院生，学部生が協力して，英語の発表を準備し，重要な国際教育の機会となった．

イタリアの3大学と日本の3大学が共同し，国際シンポジウムを開催した．会場に出展した新木場の都市再生提案模型は，宮脇研究室の留学生，大学院生，学部の演習受講生で作成し，共同発表した．出典：文献77．

> 個々のプロジェクトは、この曲線の軸を用いることで、一つの際立った都市像を創り出すことができる。また、運河の水も都市に浸透していくことを可能とする。

少し風変わりなこの街のデザインは，この場所性を考慮して，渦を巻くような風と水をモチーフにしている（左図）．その中心にあるのは森であり，本当の「木場」にするという考え方でマスタープランがつくられた（右図）．この街は，風車やソーラーパネルが配置され，木材産業の再生のための大学が森の中に埋まり，近傍にアトリエ工房が沢山配置されている．空洞化した貯木場の水辺を再生し，日本の木材を活用した産業のまちづくりを推進する必要があるのではないかと思われる．出典：文献77．

4.3 工業地区の都市再生 | 103

50 事業コンペと協議型デザイン
柏の葉キャンパスタウン

■計画の背景

1970年までに計画された筑波研究学園都市は，1980年までには研究機関の移転を完了し，1985年に科学万博が開催された．同じ頃，東京とつくば市を結ぶ高速鉄道が構想されたのが，つくばエクスプレス線（2005年開通）である．そして，秋葉原とつくば市の中間地点に位置するのが柏市柏の葉キャンパス駅である．

柏市北部の開発用地の計画人口は2.6万人で，土地区画整理事業によって新都市が計画された．特徴は，駅周辺に東京大学と千葉大学の2つの大学のキャンパスがある点で，早くから大学と協力したまちづくりを構想してきた．

筆者が柏市に関わったのは2000年からで，柏市景観まちづくり条例の制定，景観デザイン委員会，景観計画と景観重点地区の具体化，デザイン方針の策定，事業コンペの審査，千葉県柏の葉アーバンデザイン委員会，柏市景観アドバイザー会議，UDCK運営，大学の協力など，10数年かけて都市デザインが進められてきた．

■重点地区のデザイン基準

柏市の景観行政の中で，柏の葉キャンパス駅周辺は，重点地区に指定し，都市デザインを実践する現場としている．2000年当時，既に土地区画整理事業は進んでおり，道路線形は決定されていた．しかし，魅力的な土地利用を促すために，筆者が新しい軸を設置するように柏市に求めて調整したのが，都市デザインの第一歩であった．

具体的に，駅前広場から土地区画整理で生み出したまとまった緑地である「こんぶくろ池」と森に向けて，一本のアクセス軸を採用し，その軸は東大柏キャンパスまで延伸するビジョンであった．現在の147，148街区を貫く歩行者用の都市軸である．これによって，公園の緑から駅まで緑の軸が創設されることになり，現在では「グリーン・アクセス」と呼ばれる道づくりとなった．これは民有地内のパブリック・オープンスペースであり，公共の道路ではないから，最終確定するまで気の抜けない計画であった．駅前のスーパーブロックは，大型開発で地区内通路を失うことが予想され，周囲を分断する可能性が高かった．これに対して，土地を販売する以前に，あらかじめパブリックスペースを確保するための都市デザイン規制を導入した．

その後，独自の屋外広告物規制や色彩規制など細かなデザイン基準を追加しているが，最も重要だったのは，都市軸の設置による土地利用のデザイン規制である．これによって，街区全体を「地域に開く」ことができた．

さらに重点地区では，街区ごとに一つずつ，複数の建築物をまとめるデザインガイドラインを，民間事業者が主体となって協議して作成することを義務づけた．民間の能力の公的活用である．

■事業コンペと県のアーバンデザイン委員会

次に重要だったのが，駅前の147と148街区の事業コンペである．同街区には，他の重点地区のデザイン基準以上に，前述の都市軸の設定や壁面位置，複合機能用途といった条件を加えたアーバンデザイン方針を定めるとともに，事業コンペに応募する際に，マスターアーキテクトを採用すること，コンペ以降の実施計画の際に千葉県アーバンデザイン委員会との協議を踏まえることを条件とした．

事業コンペ方式を柏の葉に導入したのは北沢猛審査委員長であり，大学関係者や市民がまちづくりに参加できるUDCK（柏の葉アーバンデザインセンター）を創設した．こうした経緯を経て，街の姿となって建ち上がりつつある．

左図は 2007 年に公表された 148 街区側からみたパース．駅前広場から都市軸が正面奥へ貫く計画であることがわかる．超高層棟は中央に配置されており，周辺への影響を軽減する位置に配置されている．事業コンペ当初は，4 棟の超高層が計画されていたが，審査委員会は，2 棟に変更し，残り 2 棟の高さを抑える必要があるとして条件づけて当選を決めた．事業者である三井不動産が起用したマスターアーキテクトは，建築家團紀彦で，ランドスケープデザインは三谷徹ら，住宅棟に光井純，共用施設に竹山聖が起用されている．千葉県のアーバンデザイン委員会で 7 年間あまりかけて協議して進めた．右図は，2012 年段階の 148 街区側からみたパース．駅前の人のための広場が，大学棟移設によって失われているのが残念だが，1 階レベルではグリーン・アクシスの軸を確保している．スマートシティを目指して，ソーラーパネルや大型の蓄電施設が設置される．上図 2 点とも出典：三井不動産．カラー口絵参照．

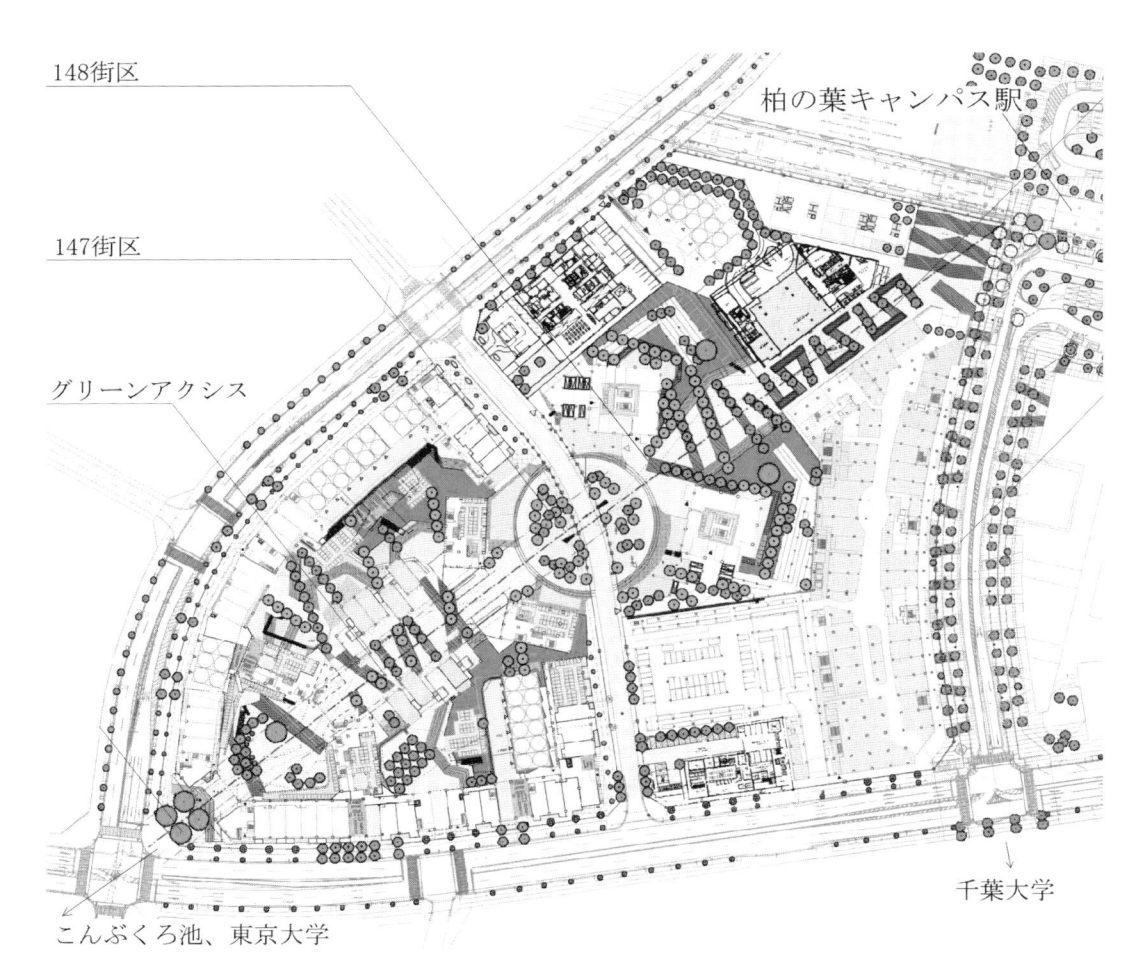

147, 148 街区のランドスケープ計画．現在の計画と一部異なる部分があるが，右上が鉄道駅前，左下に向けて都市軸が貫くとともに，幾重もの緑のデザインが絡められている．誰もがアクセスできるパブリック・オープンスペースが街区の中央を貫くように配置されているのが，事業コンペの要項に盛り込んだ都市デザインの意図である．出典：三井不動産／柏の葉アーバンデザイン委員会資料．

4.3　工業地区の都市再生 | 105

51 戸建て住宅地のコモン　宮脇檀の仕事

■建築家宮脇檀

　建築家宮脇檀（1938-1998）は，人気住宅作家であった．ハウスメーカーと協力して，マスターアーキテクトの仕事が多数見られる．特に，宮脇が戸建て住宅地に持ち込んだデザイン手法が「コモン」である．コモンとは屋外空間に共有の場をつくるという，イギリスなどに見られる土地の所有概念で，その空間は共同して管理される．宮脇は住宅地の共有空間を豊かにするための仕掛けとして，この仕組みをデザインの中心に導入した．

　海外でも戸建て住宅地の総合デザインを行う事例は決して多くなく，宮脇が実践した住宅地は，日本の都市デザインの一つの姿を見せたものと位置づけるべきである．

■戸建て住宅地の都市デザイン手法

　宮脇の事例が都市デザインだといえるのは，複数の住宅の集合形態をデザインし，土地区画，道路，樹木を含む屋外空間を一体的にデザインするためで，建築以外の技術も習得する必要がある．そこで，優れた住宅地について考察するためには，以下の6点の考慮が見られる．

　1）造成段階からデザインし，土地区画をデザインすること．また，地形に逆らわず高いよう壁をつくらないこと．

　2）道路線形を工夫して，沿道景観をデザインすること．ボンエルフにより屋外公共施設にもデザインすること．電柱，電線を配慮すること．公園や学校などの施設への歩行者ネットワークを考慮すること．

　3）コモンという共用の土地をデザインし，コンパクトな屋外空間をデザインすること．住民の維持管理を通じて，景観を意識すること．

　4）連続する建築物の配置と意匠，外構をデザインすること．隣接する家の出入口や窓の位置や向きにまで配慮して調整すること．建築物に付随する設備機器を含めてデザイン・コントロールすること．

　5）住宅地の計画には複数の設計者が関わる場合，複数の設計者にルールづけを行う仕組み，デザイン・ルールの手法を用いること．

　6）行政と住民とも維持管理上の調整を行うこと．

■事例

　「高須ニュータウン」（1982年）は，コモン広場のアイデアの原型が見られる．「コモンシティ船橋」（1984年）は，住宅の隙間に挿入された広場のデザインである．4mに狭めた並木道のデザインを工夫した「高幡鹿島台ガーデン54」（1984年）は，道路を共有空間に見立てた．

　地形を十分に読み込んで，造成からデザインを施した「コモンシティ星田/B1」（1991年），「高須青葉台ぼんえるふ」（1994年），「フォレステージ高幡鹿島台」（1998年）は，曲線的な道路の組み合わせが秀逸である．よう壁を高くしないための道路デザインの工夫，コモンも景観上シンボリックに配置している．建築物の屋根や開口部を美しいランドスケープに溶け込ませ，景観の質を感じる総合完成度の高い住宅地である．

　複数の建築家を調整し，宮脇がマスターアーキテクトとしてデザイン・ルールを定めた例として，「シーサイドももち・中2街区」（1993年）がある．事業コンペで当選した積水ハウスにより起用された宮脇が，同地区に景観のルールを定めたもので，緑道，壁面後退距離，外構，街角，屋根，色彩，駐車場，アンテナの禁止，照明，広告の制限などを図解している．詳細は，シーサイドももちアーバンデザインマニュアル，福岡市港湾局，1989年を参照．

宮脇檀の初期の試みであるコモン船橋のコモン広場（船橋市）．出典：文献 80．

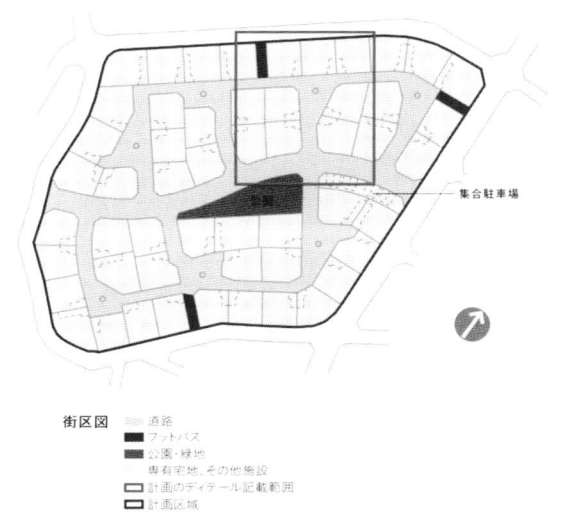

フォレステージ高幡鹿島台の全体プラン（日野市）．出典：文献 80．

フォレステージ高幡鹿島台のコモン広場（日野市）．宮脇檀は，コモンと呼ばれる共有空間を住宅地計画に組み込んだ．写真手前の空間がコモン．広場の樹木だけでなく，宅地の手前の緑化もコモンに植えたものである．床の舗装石材にも工夫があり，落ち着いて歩ける空間となっている．各住戸の外構も宮脇のデザインで，玄関の位置，屋根の付け方，窓の位置も，全体調整を行っていて，マスターアーキテクトともいえる仕事を戸建て住宅地に持ち込んだ．フォレステージ高幡鹿島台は，宮脇の晩年の作品で完成度も高い好例である．

4.3 工業地区の都市再生 | 107

52 エコタウン 横浜の十日市場

■環境に配慮した住宅地デザインへ

今日エコタウン（低炭素型の住宅地）やスマートシティの具体化が重要な課題となっている．2012年までに横浜市では，市有地を活用し，環境に配慮した戸建住宅11棟を整備した．また，事業者，大学，横浜市住宅供給公社，市が協力して脱温暖化モデル住宅推進事業を行った．

■マスタープラン・コンペ

この事業で都市デザインを可能にしたのが，マスタープランと住宅のコンペである．筆者は審査員の一人であったが，このコンペの方法自体を何回も委員会で審議した．結果を見れば，個々の建築物の省エネ性能は，CASBEE（建築環境総合性能評価システム）で応募者のすべてがSランクだった．重要なのは，全体のマスタープランと住宅のデザインと販売価格であった．しかし，誰の手にも入る手軽な価格と，良質な住宅地を提供することの間に矛盾も感じた．この先，多くの人々がエコタウンを選ぶと思われる．もう少し幅広い価格帯で，良質なエコタウンをつくることが次の課題であろう．横浜市内の多くの設計者や事業者の参加を促すため，マスタープランの決定後，第二段階のコンペを行い，さらに2者の設計者を選定して，合計3種類の住宅設計が集った．

■住宅地の特徴

敷地形状は複雑な高低差があり，必ずしも設計は容易ではない土地であったが，マスタープランは，もともとあった樹木を残しつつ，周囲のランドスケープと調和した風景を作り出している．塀を設けず，みんなの庭（コモン）へ連続性をもたせている．太陽光発電，太陽熱利用，HEMS，雨水貯水槽，電気自動車プラグなど，再生可能エネルギーを活用して，エコロジカルな生活をサポートする．二酸化炭素50%以上削減の評価を条件づけたが，現在70%削減を目標に，大学の協力を得ながら，現在実証実験を行っている．

エコタウンのミナガーデン十日市場（横浜市）．みんなの庭（コモン）で，既存の樹木（クスノキと桜）の大木を活かしている．

5

ランドスケープのための制度と課題
Institutions and Problems

- 5.1　保存の仕組み
- 5.2　形成の仕組み
- 5.3　ランドスケープ・マネジメントの課題

53 名勝と国立公園

■ **名勝のランドスケープ**

日本で最初にランドスケープを法律上位置づけたのは，1919年の史蹟名勝天然紀念物保存法の「名勝」の指定である．現在は，文化庁が管轄する文化財保護法制定（1950年制定）で，国宝や重要文化財とともに，文化財の一つとして位置づけられ，ランドスケープ保護が行われている．多くは歴史的な庭園であるが，風景も指定される．文部科学大臣は，「わが国の国土美として欠くことのできないものであって」「風致景観の優秀なもの」を特別名勝に指定できる．

現在，特別名勝は全国に36ヵ所，名勝は333ヵ所，都道府県教育委員会の保護管理計画によってランドスケープ・コントロールがなされる．

■ **名勝の保護計画**

名勝の保存管理計画は，地質・地形，植生，動物相，遺跡，建造物，展望地点を調査したうえで，保存の重要度に応じて，特別保護地区，保護地区（第1種，第2種，第3種），海面保護地区にゾーニング区分される．名勝の指定区域内での土地形質の改変，建築物，工作物の新増改築，木竹の伐採などの現状変更には，一部の地区や軽微なものを除いて，文化庁長官の許可が必要となる．特別保護地区は，名勝の重要な要素であり，新築を認めていないが，保護地区の中にある既成市街地には，規模の小さな建築物の許可は免除されているため，課題となっている．また，地区内の公共事業もデザイン上の課題が見られる．

■ **国立公園のランドスケープ**

1872年にアメリカから始まった国立公園制度は，原生の自然環境を対象に，自然生態系の保護を目的に利用規制している．一方，日本では，人々の利用を認めたうえで，1931年に国立公園法が成立した．名勝とともに日本を代表するランドスケープが指定されているが，瀬戸内海や名山のように，より自然度の高い広域エリアの指定がなされている．

観光レクリエーションや環境教育に活かされている国立公園であるが，近年自然破壊が問題となり，より自然保護としての役割が重視されるようになる．釧路湿原の国立公園のように，生態系保全が目的化された国立公園の指定が見られる．また，アメリカのパークウェイの概念を導入し，道路沿いに公園指定を行った阿蘇くじゅう，富士箱根伊豆の例も見られる．

現在は，環境省が管轄する自然公園法（1957年）に基づいた，全国30の国立公園（国土の5.5％），56の国定公園（国土の3.6％）と，都道府県条例に基づく都道府県立自然公園（5.2％）からなり，国土の約14.3％に及ぶ．

■ **国立公園の保護計画と利用計画**

国立公園の場合を代表して，具体的な計画を見ると，「保護計画」と「利用計画」の2つからなる．保護計画は，保護の重要度に応じて特別保護地区，特別地域（第1種，第2種，第3種），普通地域，海域公園地区にゾーニング区分される．土地や建築物の形状の変更は，区分に応じて国の許可が必要となる．特別保護地区は，実質上開発行為が禁止されているため，ランドスケープ保護が期待できる．一方，普通地域は大規模な場合の届出だけに規制をかけるため，ランドスケープ・コントロールは期待できないのが課題である．

一方，利用計画は，道路，ホテル，駐車場などの計画と集団施設地区があるものの，一般に細やかな施設デザイン・コントロールが欠けている．大雪山国立公園層雲峡地区の事例では，国有地のため，デザイナーを起用して集団建替できている．

日本三景，国の特別名勝の「天橋立」（1922年指定，1952年特別名勝指定，砂嘴3.6 km），丹後天橋立大江山国定公園（2007年）．天橋立の砂浜を見ると，海水浴場として侵食を抑えるために海岸線に直交する突堤が並び，海岸線がギザギザとなり，公共事業がランドスケープを壊している．日本を代表する風景を保護すべき海岸では，もう少し配慮が必要ではないか．イタリアの砂浜ランドスケープ再生事例では，人工リーフ（海岸線に並行に海中に沈めて海上には見えないタイプの潜堤）で，海底流をコントロールし，砂浜が回復された例がある．

整備前　　　　　　　　　　　　　　　　　　　　　整備後

大雪山国立公園層雲峡地区の整備（集団施設地区）は，山並みのランドスケープに合わせた集落の屋根の向き，全体のスカイラインに留意している．建物の景観基準だけでなく，住民，行政，建築家が参加してデザイン（建築形式，色彩，素材，広告）を統一した効果がうかがえる．出典：上川町パンフレット．

5.1 保存の仕組み

54 風致地区と古都保存法と都市緑地
京都，鎌倉

■風致地区

「風致」とは，主に「自然風景」や「趣き」を指す言葉であるが，風致地区が規定されたのは，最初の都市計画法（1919年）においてであった．建築デザインについては美観地区が市街地建築物法（現在の建築基準法）に規定されたのと対比的されるが，もともとは「美観風致」として一体的に法案が検討されていたという．

全国で初めての風致地区指定は東京府で，震災後の1926年に明治神宮周辺が定められた．1930年には，武蔵稜，洗足，石神井，善福寺，江戸川に，1933年にさらに指定が広がった．

1933年，京都府も鴨川と桂川，市街地を囲む三山，翌年には社寺境内と風致地区を積極的に活用した．日本を代表する京都の社寺の多くは，市街地と山裾の間に配置されている．人工物の木造建築が，森に溶け込むようなランドスケープ建築であり，風致地区は緑と建築を一体的に保存できるものと期待された．

京都市の風致地区は，全国最大の指定面積の大きさだけでなく，森の開発を不許可とする土地利用規制を実践していたという点で，欧米と並ぶランドスケープ・コントロールを早くから試みていた．

しかし，1968年に都市計画法を改正した際，建設省から風致地区政令が各自治体に通知され，全国で標準化されるようになると，京都市にとってみれば風致地区で開発禁止ができなくなり，規制力の後退となる恐れが出た．

それを補うかたちで，1966年の古都保存法の歴史的風土特別保存地区など，より開発規制力のある制度を風致地区に重ねることで，開発の禁止エリアを確保した．このおかげで，山裾に分布する寺社を含むランドスケープの保存が確立し，現在に至る．

■古都保存法

鎌倉の鶴岡八幡宮裏山に宅地開発圧力が及び，風致地区では開発禁止ができないため，市民運動を契機に，古都保存法（1966年）は議員立法で成立した．古都保存法第2条で「古都」とは，「わが国往時の政治，文化の中心等として歴史上重要な地位を有する京都市，奈良市，鎌倉市及び政令で定めるその他の市町村」と定義した．また，「歴史的風土」とは，「わが国の歴史上意義を有する建造物，遺跡等が周囲の自然的環境と一体をなして古都における伝統と文化を具現し，及び形成している土地の状況」と定義したうえで，土地利用コントロールを可能としている．

具体的には，「歴史的風土保存区域」「歴史的風土特別保存地区」の指定を行い，国に審議会が設置され，国レベルのランドスケープの価値があるともいえる．そのためか，適用されている地域は，現在10市町村（明日香村を含む）と限られている．

歴史的風土保存地区内は，現状を変更する際に府知事（政令市は市長）へ「届出」が必要となる一方，より重要度の高い歴史的風土特別保存区域内は，現状変更の際に府知事（政令市は市長）の「許可」が必要となる．また，風致地区より規制が厳しいだけに，国が土地に対して税制優遇や買い取りの支援を行う．

■都市緑地，生態系の保全

一般的な都市の緑地を保全する方法も必要で，制度的には市街化調整区域（1968年），都市緑地保全法（1973年，現在の都市緑地法）や生産緑地法（1974年）が代表的である．海外の都市計画と比較すると，Natura 2000やエコジールートのような生態系から見たエコロジカル・プランニングが日本の制度に欠けている．

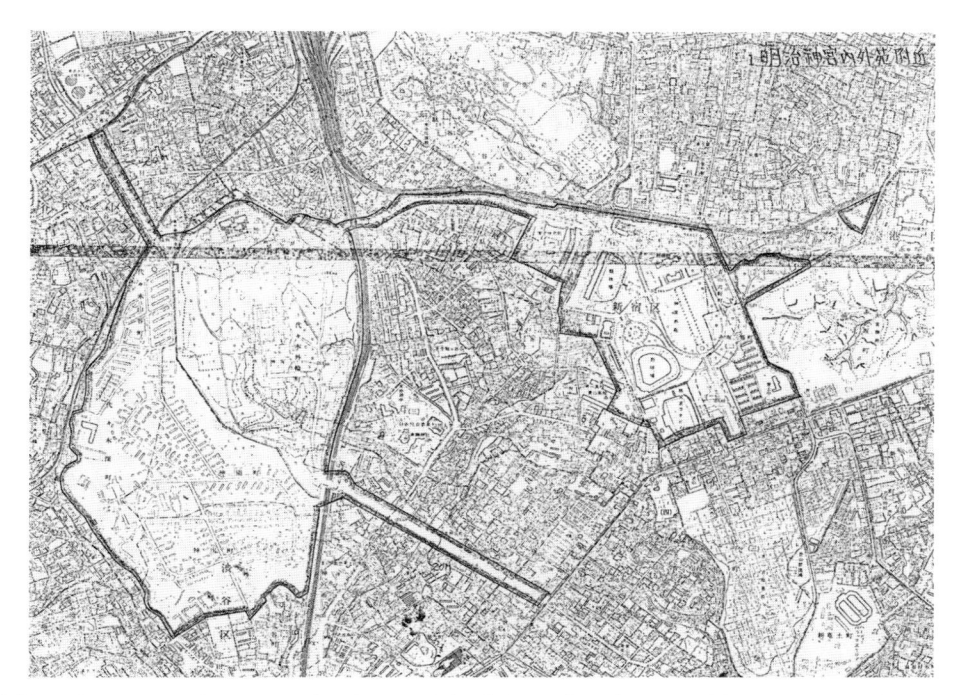

明治神宮内外苑風致地区附近図（図面は 1963 年のもので，太線の枠内が風致地区）．以後，内外苑連絡道路，表参道，北西側の参道は指定解除されている．所蔵：公益財団法人東京都公園協会．

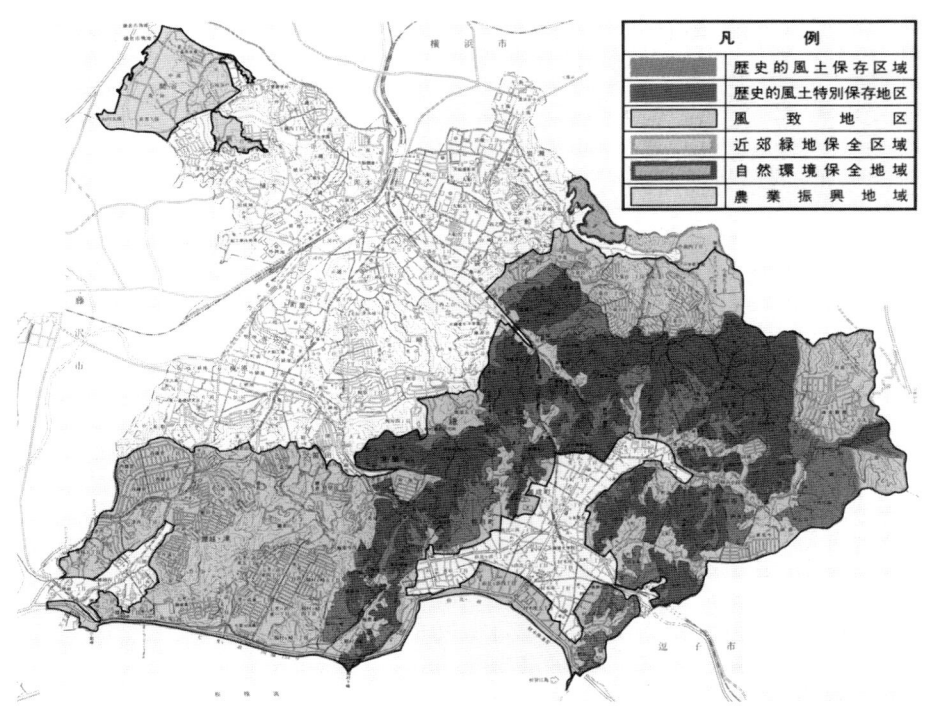

鎌倉市の風致地区は，現在市域の約 55.5% に及ぶ（図中の薄いハッチング）．それに重ねて，古都保存法の「歴史的風土保存区域」（市域の約 24.8%）が指定され，その中でもより規制が厳しい「歴史的風土特別保存地区」（市域の約 14.5%，図中の濃いハッチング部分）が指定されている．（図面は 1996 年のもの）．出典：鎌倉市パンフレット．

5.1 保存の仕組み | 113

55 重要伝統的建造物群保存地区

■制度の導入経緯

「伝統的建造物群保存地区」を，略称で「伝建地区」と呼ぶ．全国の伝建地区から，国が補助金を付けて修復工事を行う重要な地区を選定するが，「重要伝統的建造物群保存地区」といい，これも略して「重伝建地区」と呼ばれる．

伝建地区制度は，1975年の文化財保護法の改正の際に導入された町並み保存の制度である．それまでは，国宝や重要文化財の単体保存の対象とされていたのに対し，一般の町家がまとまって歴史的な町並みを保存する手段として生まれた．

海外では60年代に既に町並み保存の制度が生まれ，現代都市の中で歴史的な中心市街地が保存されるようになっていた．日本においても，高度成長期の都市開発の陰で，歴史的な集落や町並みを守ろうとする市民運動が各地で展開していた．代表的なものに，全国町並み保存連盟（1974年設立）があり，全国町並みゼミなど，今も多くの専門家が関わっている．

■日本の町並みの分類

日本の歴史的な町並みの特徴は，そのタイプにある．伝建地区制度上，8つ（集落，宿場，港，商家，産業，社寺，茶屋，武家）のタイプに分類されている．中でも日本特有なのは，武家町，茶屋町といった武士や芸者の存在に由来している町づくりや，醸造や養蚕などの日本特有の産業に由来している町である．こうした個性は，日本の歴史的ランドスケープのアイデンティティ確立に，大いに貢献する歴史遺産である．

■重伝建地区の選定プロセス

市町村は保存のための調査を経て，条例を制定し，伝建地区の場所を決定する．国は，文化審議会を経て，将来にわたって保存する重伝建地区の選定を行う．条例により，修理や修景のルールを守る必要がある一方，工事の際に国と自治体の財政的な支援を受けることができる．

■伝建地区制度の課題

日本の伝建地区制度の特徴は，海外の制度と異なり，市町村の意思に応じて調査を行い，具体的な保存ルールを定めることである．したがって，制度的には地方が主役のボトムアップ型である．しかし，せっかく建物が残っていても保存意識が地域住民にない場合，国からの支援はなく，日本文化の持続性が困難となる．

欧州では法律上，主として国に文化財保存の義務が課せられているために，たとえ個人の財産であっても，財政措置の有無にかかわらず公共的介入して規制を行っているのが通例である．これは，公共的利益を重視して，個人財産の自由の制限を行う規定によって成り立っている．

制度確立から相当年数が経過し，日本ではゆっくりと重伝建地区が増えていったが，その一方で歴史的町並みを失った地域も多数出ている．また，歴史ある東京都内に一ヵ所も伝建地区がないというのも，国際的に見て不可思議である．

例えば，p.42の東京都中央区の佃島の歴史的ランドスケープ・キャラクタライゼーションからわかるように，町割として江戸時代の歴史性が残っているが，個々の建造物で見ると伝統的建造物と判定することが難しい．伝建地区制度は，建築群の評価にとどまり，町の評価となっていない．同様に，p.80の東京都台東区の北西部の寺町も，町割が江戸時代の歴史性を有し，文化性が高い．これらは，外国人にも人気が高く，東京の歴史的価値を有しているが，「歴史的都市ランドスケープHUL（街区，街路，土地利用）」を評価する制度は，現在の日本に欠けている．

56 重要文化的景観
板倉町の水場

■文化的景観の概念

ユネスコの世界遺産委員会は，1992年に「世界遺産条約履行のための作業指針」の中に，文化的景観の概念を盛り込んだ．文化的景観（cultural landscape）とは，人間と自然との相互作用によって生み出されたランドスケープを指す．

■日本の重要文化的景観の法律上の定義

ユネスコの世界遺産の概念に影響を受け，日本においては，2004年に改正された文化財保護法（第2条）によって，文化的景観が，「地域における人々の生活又は生業及び当該地域の風土により形成された景観地で我が国民の生活又は生業の理解のため欠くことのできないもの」と定義された．

しかし，従来からある史跡名勝天然記念物の概念や伝統的建造物群保存地区の概念も，世界遺産のいう文化的ランドスケープであるから，日本の文化的景観の対象概念は，より限定したものとならざるを得ない．具体的には，重要文化的景観選定の基準によるので，p.20を参照．

■制度の特徴と全国の指定状況

重伝建地区制度と同様に，市町村が主体となって文化的景観の調査を行うとともに，景観法の景観計画区域もしくは景観地区を定めたうえで，文化的景観の地区を定め，国の選定を受けると，国や県から保存のための支援が得られる．

既に選定された事例を見ると，特に棚田の文化的景観は，その石積みや水路が重要な要素となっている．また，四万十川のように「日本最後の清流」と呼ばれる自然美と，それに寄り添う集落の相互関係，流域全体の大きなランドスケープは神秘的である．

■板倉町の水場（関東初の重要文化的景観）

群馬県板倉町は，利根川と渡良瀬川に挟まれ，谷田川が中心部を通過していて，その暮らしは水との関わりが深い．ときに水の脅威と向き合いながらも，豊かな水田地帯を形成してきた．関東で初めて選定された重要文化的景観の事例で，筆者も調査や景観計画策定に関わった．

例えば，水辺のランドスケープで特徴的なのは，洪水時に一時避難できる土盛りした蔵「水塚」をもっていた点で，農家のステイタスを表していた．板倉町で確認されている最も古い水塚は，江戸時代末期（天保元年，1830年）があり，江戸時代から水塚が広がっていたと考えられている．さらに，明治43年（1910年）の利根川堤の決壊，昭和22年（1947年）の谷田川堤の決壊などを契機に水塚の必要性が認識され，町域を越えて利根川流域にかなり広範囲に普及した．

さらに，水塚の周囲には，防風屋敷林が北西に配置されている．こうした築180年の歴史的ランドスケープの価値が認められ，保存と活用が期待されている．

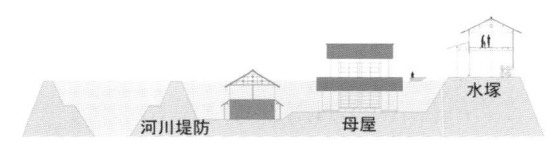

水位が上がったときの堤防の高さと民家，水塚の位置関係．

美しい水塚と屋敷林をもつ伝統的な住宅形式．

57 世界遺産条約とランドスケープ

■制度の背景

　世界遺産（UNESCO World Heritage Site）を管轄する国際連合の専門機関ユネスコは、戦争を繰り返さないための教育と文化振興を目的に1946年に設立された。本部はパリにある。文化遺産や自然遺産の破壊を防ぐため、1972年のユネスコ総会で採択された「世界の文化遺産及び自然遺産に関する条約」に基づき、世界遺産リストに登録する仕組みができた。

　1975年から条約が効力を発し、1978年から登録が始まった。現在、最も多くの世界遺産を有するのはイタリア（47の世界遺産）である。なお、日本が条約を批准したのは、1992年である。

　また、1992年、世界遺産に文化的景観（カルチュラル・ランドスケープ）の概念が追加された。

　世界遺産は、未来の地球に残すための「ノアの方舟」といわれ、本当に必要なものに限定される。

■制度の仕組み

　各国の政府は、世界遺産に登録したい候補地としてあらかじめ暫定リストを作成し、その中から選んで推薦書で申請する。申請を受けて、文化遺産候補は国際記念物遺跡会議（ICOMOS）で、自然遺産候補は国際自然保護連合（IUCN）で、複合遺産は両者で、現地調査と報告がなされる。世界遺産委員会で最終審議を経て登録を決定する。

　世界遺産に登録されるためには、10の世界遺産登録基準（表参照）を少なくとも1つは満たし、「顕著な普遍的価値」を証明する必要がある。表のうち、(i)～(vi)が文化遺産の基準、(vii)～(x)が自然遺産の基準で、両者の基準を満たす場合、複合遺産と位置づけられる。

■完全性と真正性

　「顕著な普遍的価値」を証明するために、世界遺産登録基準とともに、当該の遺産の完全性（インテグリティ）と真正性（オーセンティシティ）も示さなければならない。

　登録推薦の根拠とする文化的価値の「完全性」とは、自然遺産や文化遺産の特徴が、無傷で包含されている度合いを見るものである。完全性の条件として以下の条件を説明するように、基準づけられている。

a）顕著な普遍的価値に必要な要素がすべて含まれているか

b）当該財産の重要性を示す特徴を不足無く、適切な大きさで確保されているか

c）開発や管理の法規によって、負の影響を受けているか

　一方、「真正性」を示すためには、形状、材料、用途、技術、位置、精神などにおいて、真実かつ信用性を保証する情報源を明示する必要がある。

　最も注意しなければならないのは、遺跡や建造物の復原についてである。「復原」は、一般に模造品であり、本物ではない。復原工事を行った時代の作品であって、文献に基づき忠実に再現しても、歴史的価値はないことは自明で、世界遺産にはならない。また海外では、遠い未来の人が見たときに、復原物はいつの時代の復原作品か、文書などの物的情報源を失った場合、本物との間で混乱のもととなるため、厳格に復原を避けている。

　日本では、安易な復原が見られ、観光化している。これは現代における大衆的満足が主たる目的であって、本物を残すという未来の日本人のための「文化的持続可能性」への配慮が欠けている。

■ユネスコの勧告

　2011年にユネスコは「歴史的都市ランドスケープ（Historic Urban Landscape：HUL）」を都市遺産として開発から保護するため勧告を出した。

II.A 世界遺産の定義	
文化遺産及び自然遺産	
45	文化遺産及び自然遺産とは世界遺産条約第一条及び第二条に定義される資産をいう．
第一条 この条約の適用上，「文化遺産」とは，次のものをいう．	

	記念物	建築物，記念的意義を有する彫刻及び絵画，考古学的な性質の物件及び構造物，金石文，洞穴住居ならびにこれらの物件の組み合せであって，歴史上，芸術上又は学術上顕著な普遍的価値を有するもの
	建造物群	独立した建造物の群又は連続した建造物の群であって，その建築様式，均質性又は景観内の位置のために，歴史上，芸術上又は学術上顕著な普遍的価値を有するもの
	遺跡	人間の作品，自然と人間との共同作品及び考古学的遺跡を含む区域であって，歴史上，芸術上，民族学上又は人類学上顕著な普遍的価値を有するもの

第二条 この条約の適用上，「自然遺産」とは，次のものをいう．	
	物理的な生成物，生物の生成物又はそれらの群から成る自然物であって，鑑賞上又は学術上顕著な普遍的価値を有するもの
	地質学的，地形学的形成物及び絶滅のおそれのある動植物種の生息地を構成する区域が明確な地域であって，学術上又は保全上顕著な普遍的価値を有するもの
	自然地及び区域が明確な自然の地域であって，学術上，保全上，又は自然美において顕著な普遍的価値を有するもの

複合遺産	
46	条約の第一条，第二条に規定されている文化遺産及び自然遺産の定義（の一部）の両方を満たす場合は，「複合遺産」とみなす．

文化的景観（カルチュラル・ランドスケープ）	
47	文化的景観は，文化財であって，条約第一条のいう「自然と人間との共同作品」に相当するものである．人間社会又は人間の居住地が，自然環境による物理的制約のなかで，社会的，経済的，文化的な内外の力に継続的に影響されながら，どのような進化をたどってきたのかを例証するものである．

動産遺産	
48	現在不動産の遺産であっても，将来動産となる可能性があるものの登録推薦は検討対象としない．

顕著な普遍的価値	
49	顕著な普遍的価値とは，国家間の境界を超越し，人類全体にとって現代及び将来世代に共通した重要性をもつような，傑出した文化的な意義及び／又は自然的な価値を意味する．従って，そのような遺産を恒久的に保護することは国際社会全体にとって最高水準の重要性を有する．委員会は，世界遺産一覧表に資産を登録するための基準の定義を行う．

世界遺産条約実施のための実務的ガイドライン（2011）より（文化庁による和訳）．

II.D 顕著な普遍的価値の評価基準	
77	本委員会は，ある資産が以下の基準の一つ以上を満たすとき，当該財産が顕著な普遍的価値を有するものとみなす．
(i)	人間の創造的才能を表す傑作である．
(ii)	建築，技術，モニュメンタルな芸術，都市計画，ランドスケープ・デザインの発展に重要な影響を与えた，ある期間にわたる価値感の交流又はある文化圏内での価値観の交流を示すものである．
(iii)	現存するか消滅しているかにかかわらず，ある文化的伝統又は文明の存在を伝承する物証としてユニーク又は特別な存在である．
(iv)	歴史上の重要な段階を物語る建築物，建築又は技術の集合体，あるいはランドスケープのタイプの顕著な見本である．
(v)	ひとつの文化あるいは人間の環境に対する相互作用（特に不可逆的な変化により傷つきやすいもの）を特徴づけるような伝統的居住地，陸上の土地利用，海上利用の顕著な見本である．
(vi)	顕著な普遍的価値を有する行事，生きた伝統，アイデア，信仰，芸術的作品，あるいは文学的作品と直接または有形的に結びついている．
(vii)	類まれな自然美及び美的価値を有する無比の自然現象又はエリアを包含する．
(viii)	生命進化の記録や，地形形成における重要な進行中の地質学的過程，あるいは重要な地形学的又は自然地理学的特徴といった，地球の歴史の主要な段階を代表する顕著な見本である．
(ix)	陸上，淡水域，沿岸，海洋の生態系や動植物群集の進化，発展において，重要な進行中の生態学的過程又は生物学的過程を代表する顕著な見本である．
(x)	学術上又は保存上顕著な普遍的価値を有する絶滅の恐れのある種を含み，生物多様性の本来の生息域内保全にとって最も重要な自然のハビタットを包含する．
78	顕著な普遍的価値を有するとみなされるには，当該財産が完全性及び（又は）真正性の条件についても満している必要があり，さらに，その保護を保証する適切な保護とマネジメントの体制がなければならない．

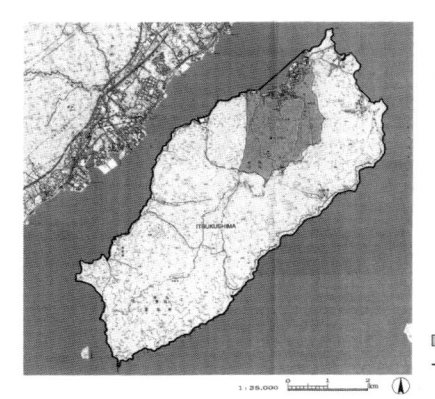

厳島神社の世界遺産登録の範囲（神社と周囲の海，森）．海の上の無比の美を有し，潮の満ち引きを巧みにランドスケーピングしている．神の森と信仰される背後の山も含まれていて，世界遺産のいう文化的景観の概念にも適合している．コアゾーンの周囲である島全体は，バッファーゾーンに位置づけられる．

58 美観地区と景観地区
東京丸の内，京都市，芦屋市

■美観地区の歴史と丸の内の論争

日本の都市デザイン制度として最初に登場したのが美観地区である．1919年の市街地建築物法（現在の建築基準法の前身）に基づいている．美観地区のねらいは，建築物の外観デザインを保全ないし形成することである．

実際の事例から見ると，1933年の東京の皇居周辺が，日本最初の美観地区指定である．きっかけは1929年の警視庁庁舎の新築計画で，桜田門外における高さ90尺（27m）の望楼の計画に対し，宮内省が事前協議を求めたことに始まる．その後建設が続く国会議事堂や官庁街の建設計画を含め，内務省中心となって美観地区の指定が進み，20mから31mまでの段階的な高さ制限がエリアごとに定められていた．

しかし，戦後1963年の容積率制の導入により，高さ制限は撤廃，超高層の建設が始まった．当時の丸の内論争を川上秀光（当時東京大学助教授）が，記録整理している．賛否意見は二分されながらも，政府や有識者が建設に賛成したことが読み取れ，時代のムードは容積率という新しい制度の活用に向かっていた．

結果として見れば，日本の最初の美観地区の事例は，日本を代表する事例にまでは育たなかった．再び美観地区の制度が脚光を浴びたのは，京都市で1972年に市街地景観条例により，美観地区の指定が行われてからである．1968年の早い時期に独自の景観条例の制定を行った倉敷市でも，独自の美観地区を定めていたが，法律に対応したのは2000年になってからであった．

■景観地区への切り替え

2004年の景観法の制定に伴い，従来の美観地区制度は廃止され，代わって景観地区が制度として確立した．多くの美観地区は景観地区に置き換えられたが，自動的に換わるわけではない．例えば，東京丸の内や大阪市の美観地区はこのとき廃止され，景観地区にはなっていない．

一方，京都市は景観法を契機に，美観地区のときの時代よりも指導エリアを拡大し，中心市街地の大半が景観地区に指定されている．

■景観地区の認定制度

景観地区の制度では，建築物のデザインをコントロールし，町並みを形成する意図は美観地区と同じであるが，根本的に異なるのは規制の力である．景観地区「認定制度」の導入で，市が定める景観基準に合わない場合，そのデザインを認定せず，建設を止めることが法律上可能となった．この仕組みを京都市は中心市街地の大半に適用し，屋根など独自の規準を守らせることができる．欧米の歴史保存地区の制度と同等の規制力が得られる．

この制度を前向きに捉えた芦屋市は，全市域を景観地区に指定した．一般の戸建て住宅や一定規模以上の工作物も市の認定を受ける必要がある．2010年に戸建て住宅地に隣接する5階建てマンションの計画案件に対し，市の認定審査会は，全国初の不認定の処分を決定し，建設計画を差し止めた．当該の土地は，第一種中高層住居専用地域，容積率200%，高度地区15mの都市計画規制で，案件はそれを満たしていたが，横幅41.3mの長大な建築計画は，周囲の戸建て住宅地のボリュームと著しく調和しておらず，景観地区の形態意匠制限に抵触したと判断され，不認定となった．

こうした景観地区の導入は，市内の一部に指定するよりも，京都市や芦屋市のように，最初から全域または広域に指定にした方が，地権者の不平等感を減らすことにつながるかもしれない．

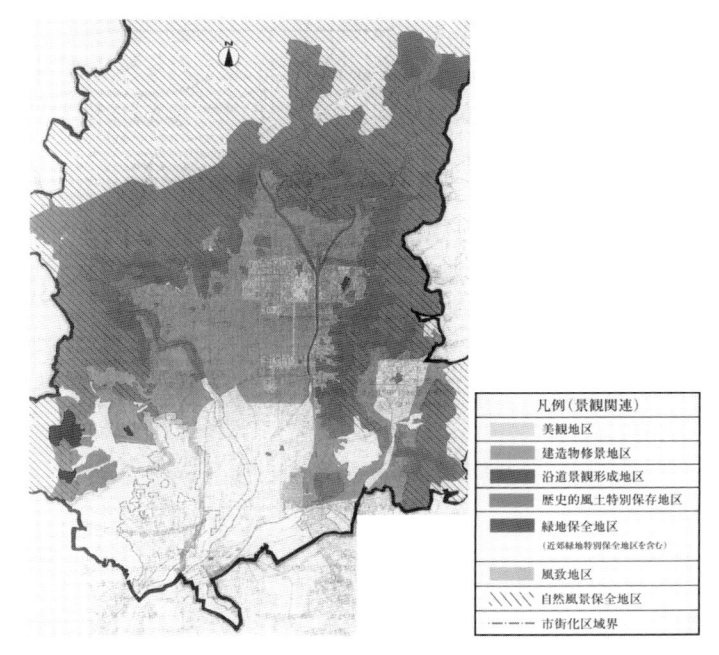

2007年以前の京都市の景観行政．「美観地区」の範囲は，文化財の周辺に限定的であった．出典：京都市パンフレット．

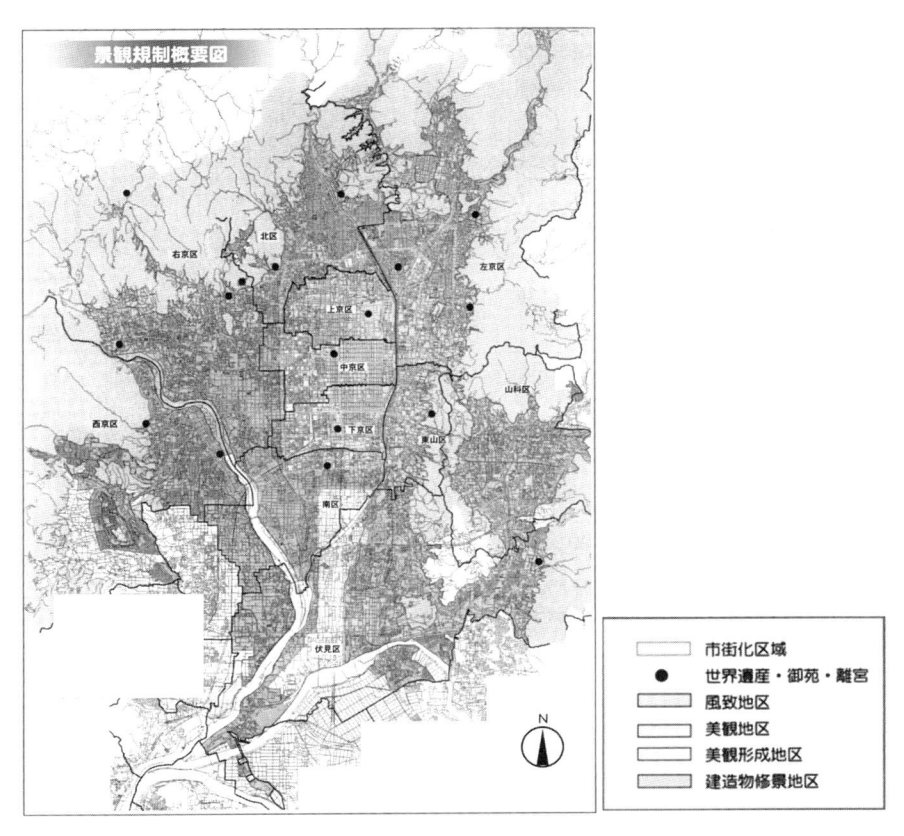

2007年以降の京都市の景観行政．景観法の「景観地区」（図中の美観地区，美観形成地区）が中心市街地に広く指定されたことがわかる．出典：文献58．

59 公園と学校の配置
公園制度と近隣住区理論

■公園の歴史

日本における公園は，明治時代の西洋文明制度の導入という脈略の中，1873年の太政官布達により，寺院の境内の緑地を活かし，既存の市街地緑地を公園に見立てて指定したのが始まりである．それ以前に「公園」という概念や制度は日本にはなかった．日本のそれは，狩猟場を公園に改修したパリのブローニュの森（1858年）や，市街化を禁じ，コンペによって設計者を選んだニューヨークのセントラルパーク（1862年）の成り立ちと異なっている．しかし，上野公園や芝公園は，寺院を中心として公園に相応しいランドスケープをもともと有していた．日本人初の公園デザイナー長岡安平は，もみじ谷の滝を設計した．

日本で最初に新設された公園は，東京日比谷公園（1903年開園）で，林学を築いた本多静六の設計である．1888年に日本最初の近代都市計画をもたらした「東京市区改正条例」による，日比谷練兵所跡地を公園化する計画によって日比谷公園は生まれた．

一方，園芸学を育成した福羽逸人は，ベルサイユ園芸学校教授アンリ・マルチネに依頼し，内藤新宿農業試験場をフランス式大庭園（1906年開園）として改造した（現在の新宿御苑）．

1923年の関東大震災後の復興計画では，災害時の避難拠点となる隅田公園（1931年開園）などの3つの大公園と52の小公園と鉄筋コンクリート製の小学校をセットにした計画的配置を行った．また，国際的に議論されていたグリーンベルトの構想として，東京緑地計画（1939年）へと展開していく．

■近隣住区理論：学校と公園の配置理論

アメリカの社会学者C.A.ペリーは，住宅地の計画のために『近隣住区理論』（1924年）を発表した．コミュニティを単位とする近隣を基礎単位とした都市計画，住宅地計画の理論である．日常生活圏としての住区（neighborhood unit）を，歩行可能な半径4分の1マイル（約400 m）を基本に定めて，小学校，教会，コミュニティセンター，公園を住区の中心に配置した．小学校の校区から，人口は5000人程度，面積160エーカー（約65 ha）規模，つまりグロスで約77人/haの密度の住宅地を想定した．全体の3割を道路，1割をオープンスペースに，残り6割を宅地に配分している．子供たちの安全な通学を住区に確保するため，目的地に誘導する道路は曲線を用い，車の通行量が多い直線的な幹線道路は，近隣住区の外側を囲むように配置している．一方，商業施設や集合住宅は，隣接する近隣住区との関係から，幹線道路沿いの交差点が効率的としている．

近隣住区の実践例は，アメリカのラドバーンの開発が代表的であるが，戦後の日本の都市計画理論や実際のニュータウン建設の際の公園や学校の配置計画にも大きな影響を与えた．

■公園の種類と誘致距離

都市公園法（1956年）により，全国に公園が普及した．都市公園には，住区基幹公園として①街区公園，②近隣公園，③地区公園，都市基幹公園として④総合公園，⑤運動公園が定義されている．中でも②近隣公園は，近隣住区理論に見られるように，近隣コミュニティの中心となる小学校単位に配置される公園で，誘致距離は近隣住区理論に近い500 m（面積2 ha）を基準とする．一方，それより小さな単位である街区公園は，児童公園と呼ばれるが，誘致距離は250 m（面積0.25 ha）を基準としている．複数の近隣によって構成される地区単位の地区公園は，誘致距離1 km（面積4 ha）を基準とする．

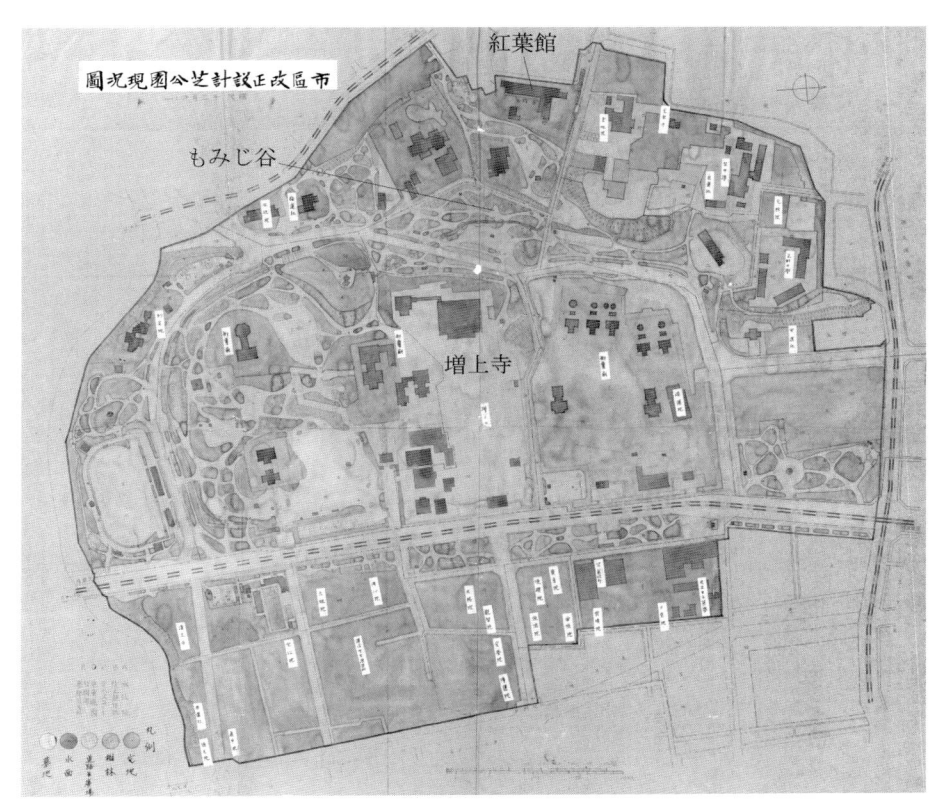

市区改正設計芝公園現図（1938年）．公園の指定範囲は，増上寺を中心に，現在の芝公園よりも大きく，市街地を含んでいた．戦後，政教分離によって，増上寺など中心部分の社寺は公園から除かれ，民間への払い下げもあり，公園用地がバラバラとなった．現在の東京タワーの場所も当時の芝公園の中であり，紅葉館（社交場）があった場所である．所蔵：公益財団法人東京都公園協会．

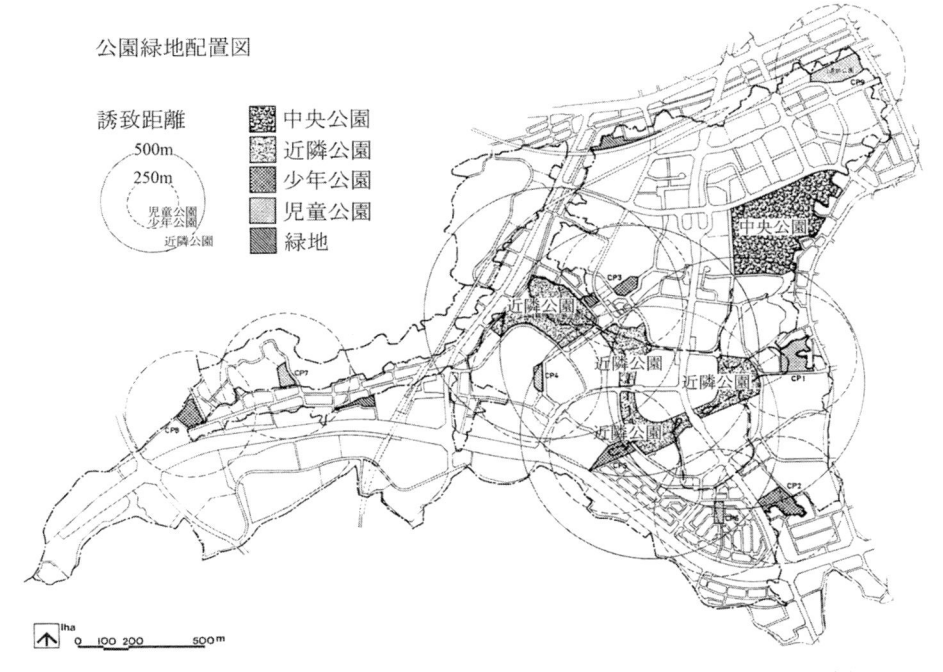

多摩ニュータウンの計画例．近隣住区理論を具体的に使用している．実線の円の半径は 500 m，点線の円の半径は 250 m で，それぞれの中心に近隣公園，児童公園が位置している．子供たちが緑道を通じて公園や学校を往復できるように工夫されている．

5.2 形成の仕組み | 121

60 高さ・形態規制と地区計画
京都，幕張ベイタウン，ヴィータ・イタリア

■**高さ規制**

タウンスケープに最も影響を与えるのは，街並みの高さである．法律に基づいて建築物の高さを規制する方法には，都市計画法を用いた高度地区の指定，地区計画の高さの規定，景観法を用いた景観計画といった方法が考えられる．高度地区で絶対高さを定めたうえで，それを景観計画にも明示することで，ルールを統一することが望ましい．総合設計制度の場合は，一般に高さが緩和されてしまうので注意が必要で，あらかじめルールを定めておく必要がある．用途地域制においても，低層系の住宅用途を使用していれば，12 m などの高さが保証される．

高さを整える場合，低層系，中層系，高層系，超高層系に分かれる．大きく異なる系統の高さが隣接しないように，段階的に指定すべきである．欧州では，中層系に抑えられている．理由は，コミュニティのある生活，屋外空間重視，声が届く程度の高さ，エレベータを使用せずに登れる人間の能力の範囲という意味で，ヒューマンスケールを大事にしている．また，歴史的な町並みを保存すべきエリアにおいては，歴史的な建物高さを基準とするため，より低めの高さ規制を用いている．日本でも必要な考え方である．

一方，米国に見られるような都心ビジネス街において，高層ビルが集積するエリアは，高層系，超高層系の高さを指定している．一方，周囲の市街地は中低層の指定がある．理由は，都市全体のスカイラインを導く必要からである．

日本では 1970 年代に容積率制に移行した際に，高さ規制が選べるにもかかわらず，都市街全体のスカイラインの計画を放棄してしまった自治体が多く出た．欧米が容積率と高さ規制の両方を使用しているのと対比される．結果，街全体のコミュニティ意識を失うことにもつながっている．

ニュータウンの建設の際に，自主的に中層系に高さを揃えた例として，幕張ベイタウンの中心地区が挙げられる．単に建物高さだけでなく，道路幅とのプロポーション（D/H＝1）も美しく計画され，ヒューマンスケールの好例である．

■**京都市の高度地区の見直し**

近年，改めて高さ規制の大切さを認識した事例として，京都市の高度地区の見直しがある．景観法を契機に，2007 年の景観政策の一環として取り組まれ，従来の高さ規制を強化した．その効果は一目瞭然で，歴史的な町並みへの圧迫感を大きく軽減できる．市内に必要な全体容積を適切に管理することが重要であって，不動産業界の反発にも動ぜず，実行されたことは意義深い事例である．

■**街並み誘導型地区計画**

一般型の地区計画でも，高さや壁面位置を整えることができるが，「街並み誘導型地区計画」の例を挙げると，東京の汐留西地区にほぼ完成しているヴィータ・イタリアの再開発がある．

中小様々な敷地があるが，一律 50 cm 壁面をセットバックすることで，道路斜線制限をはずすルールである．道路幅が狭い場合でも，全体の高さを揃えることができる．

なお，高さだけでは一つのアイデンティティには至らないため，ビジョンであったイタリア街のイメージで統一を図るべく，デザインガイドラインを作成している．なぜイタリアなのか，実際イタリアのデザインとは違うといった点が気になるものの，公園の公共事業も石を敷いた「広場」としてのデザインに合わせてあるなど，エリアのコミュニティ形成を実行し，大企業とは一味違う都市デザインを試みたものとして評価したい．

千葉市幕張ベイタウンのヒューマンスケールのメインストリート．道路幅Dと建物高さHの比率を1:1であらかじめ計画した成果である．

京都市の高度地区の見直し事例．2007年より幹線道路沿いの高さ50 m（左図）から，31 m（右図）へ変更された．建築物の高さコントロールがタウンスケープに大きく貢献することは疑いようもない事実である．出典：京都市．

道路斜線自体の形態が街並みを壊している例．

東京のヴィータ・イタリアでの街並み誘導型地区計画の事例．壁面のセットバックによって，道路斜線制限を外すことができる．

5.2 形成の仕組み | 123

61 協定，条例，景観法，歴史まちづくり法
横浜の元町商店街，真鶴町，景観法の課題

■ルールの種類

　個人の財産である不動産にルールを設けるためには，制度が必要で主に3種類がある．身近なスケールから，①協定，②条例，③法律である．協定は，地区を限定して定めるもので，自治会や商店街などの近隣スケールのルールとして権利者間で直接協定書を作成する．一方，条例は市町村や都道府県単位で独自に定めるルールで，議会で決定する．そして，法律は国会で定めるルールであり，国民や行政が守るルールである．

■景観の協定

　従来あった建築協定，緑化協定，街づくり協定など，景観に関わる内容を包括的に定められる．壁面位置，建物高さ，色彩，塀や生垣，屋外設備などを規定することができる．例えば，横浜市元町商店街が代表的な例で，1階部分のセットバックを実現している．

■景観の条例

　景観法が制定されるまで，自治体は自主的に条例（もしくは議会を経ない要綱）でルールを定めてきた．最初に景観条例を定めた自治体例は，1968年の金沢市（伝統環境保存条例）であった．歴史的な景観を保全するため，行政が補助できる場合がある．また，「美の基準」を定めた港町の真鶴町まちづくり条例(1993年)は，必見に値する．

■景観法

　2004年に日本で始めて制定された景観法は，自治体が定める景観条例を，司法上サポートできる．景観計画を定めるためには，「景観行政団体」になる必要がある．都道府県，政令市，中核市は自動的に景観行政団体となったため，景観行政を行う義務が生じた．それ以外の自治体は，都道府県の同意が必要となるため，意欲のある自治体が景観行政団体となる一方で，取り組まない自治体も生じてしまう．景観行政団体に認められると，屋外広告物を含み景観行政の権限は，原則都道府県から市町村に委譲される．

　景観行政団体は，景観法の適用範囲を決める必要があり，これを「景観計画区域」という．自治体全域を指定する場合が多いが，横浜市のように，都心のみの場合もある．景観計画区域は，平野部から山岳部，海上まで，省庁の管轄を超えて，都市，集落，田園，自然公園等，全国どこにでも適用できる（p.21参照）．

　景観法で規定したツールには，主として，景観計画，景観地区，景観重要建造物，景観重要樹木，景観公共施設，景観協定，景観協議会，景観整備機構などがある．

■景観法の課題

　景観法の課題は，現在まで全国の市町村に義務化しなかったため，自治体の行政職員に法律の認識がない場合が多々見られることである．また，景観行政団体になっても，景観計画を定める期限がないため，相当の遅れが見られる．

　景観法に景観の定義がなく，景観の内容が実質的に人工物の形態意匠，単体の樹木などに限られている．この点は，第1章の「ランドスケープとは何か」を考える必要があり，景観法の問題点である都市部や田園の土地利用コントロールやマネジメントと合わせて考える必要がある．

■歴史まちづくり法

　2008年に制定された歴史まちづくり法は，文化財周辺の歴史性を活かす整備に，国の補助金を用いる方法で，歴史的都市保全に活用できる．市町村は歴史的風致維持向上計画を作成できる．

横浜市の元町商店街の風景．街づくり協定を結び，1階部分のセットバックがにぎわいの効果をもたらしている．道路の線形，舗装，ベンチなどの公共事業も，デザインや色彩に配慮が見られ，官民一体となった取り組みが見られる．

港町である真鶴町の自然風景．写真はまだ戸建ての別荘が散在する状況であるが，1980年代後半のバブル時期から，大型のマンションや高齢者施設の建設圧力を受けている．法律家，建築家，都市計画家が協力し，1993年に真鶴町まちづくり条例を制定，土地利用規準と美の基準を定めたことで有名となった．全国で初めて自主的に景観行政団体となった．しかし，今もなお開発圧力を受けて苦闘している．

62 屋外広告物規制
地域固有の方法を採用すべき

■広告物の賛否

　日本各地で様々な広告物が乱立している．若い留学生には，看板は情報溢れる都市に映るようだが，やがて日本語がわかってくると，駅前の看板の内容に落胆する．ラスベガスなど広告緩和地区の特別なエリアを事例に取り上げ，それらを日本各地にコピーする論理が用いられてきた．伝統的に見れば，日本の広告物は良識の範囲で行われており，現状はルーズになり過ぎた結果である．きめ細かい地域固有のルールが必要である．デザインの質を上げる仕組みも，建築意匠同様に行うべきである．少なくとも，新規開発を行う用地では，あらかじめ広告物を規制しておく必要がある．

■広告物の種類

　広告物は自家用と許可広告物に分けられ，その設置形式には，屋上，壁面，壁面突出，独立，野立て，置き，のぼり旗が定義されている．都道府県の条例で基準を定めているが，広域一律のため非常に基準が緩い問題がある．

　欧米の場合，屋外広告物規制は市町村の役割で，条例で細かな規制を定めている．通常，屋上や壁面突出広告物は許可されない．壁面広告は一般に，1階部分の店舗上に限定され，自家用の店名や業種名のみ，小さなものが許可される．

■2004年の屋外広告物法の改正

　2004年の景観法とともに改正された屋外広告物法では，次の5つの改正ポイントがある．①景観計画と整合すること，②市町村の役割が強化され，景観行政団体は景観計画に基づいて屋外広告物のルールを定める権限が，都道府県から委譲されること，③山間部も含めすべてのエリアで許可制となること，④捨て看板などの簡易除去制度，⑤広告業者の登録制度，である．

■景観計画の屋外広告物コントロール

　景観法の景観計画の屋外広告物への効果をいくつか取り上げたい．まず大都市圏の東京都景観計画（2007年）では，文化財庭園周辺や東京オリンピックを誘致したい東京湾の広告物規制を強めた．例えば，新宿御苑周辺では，樹木の高さを超える20m以上の屋上広告物を禁止した．壁面は自家用広告物などに限って許可されるが，広告面積の3分の2に色彩規制がかかった．フランス様式の庭園の先に見える駐車場の広告は，全く新宿御苑に配慮していないことがわかる（写真参照）．水辺の特別地区はさらに厳しくしている．

　歴史的ランドスケープで，代表的な京都市景観計画（2007年）の例では，屋上の広告物を一律禁止した．原則的には屋上には屋根をかける景観指導がなされる．広告物の色彩にも制限を加え，多くの商業施設で対応がなされている．チェーン店のロゴも，白地と反転させるかたちで，彩度の高い色の部分を減らしている．また，優良な広告デザインには，表彰する制度も活用している．

　一般的な市街地においても，柏市柏の葉キャンパス駅周辺のように，ニュータウンの建設地では，エリアを決めて屋外広告物規制を導入している．駅前の商業地域であっても，住居が複合し，屋上や窓面の広告物は迷惑なものである．このように新規開発地で導入しやすいので，積極的に活用すべきである．

■東京表参道の広告物

　表参道は景観計画でなく，商店街の自主的なルールによって運営されているが，ビジュアル性の高い広告デザインが，良い雰囲気を醸し出している．突出広告物がないだけでも，海外のような洗練した雰囲気となる．建築同様，広告にもデザインの質が存在し，審査の可能性がある．

新宿御苑のフランス式庭園の正面に見える駐車場の壁面広告の例は，お粗末なランドスケープである．東京都の景観計画（2007）では，屋上の広告物（高さ20m以上の部分）の新設は禁止している．しかし，こうした立体駐車場は自家用であり，壁面であることから，規制は緩和され，色彩コントロールのみである．タワー型の立体駐車場は他国にない施設であり，日本固有の景観問題でもある．世界遺産の原爆ドーム（広島市）の周囲でも，同様の巨大なPマーク広告の問題が見られる．

京都市景観計画における広告物規制（ローソン八坂神社前店）．全国チェーン店でも，地域に配慮した広告物を採用する例が増えている．京都市では，こうした店舗を表彰している．

東京で最も広告物が集中している秋葉原の電気街の風景．壁面と屋上のほとんど全部が広告物で占められ，色彩も赤，黄，青の彩度の高い原色が使用されている．徹底的に広告する都市という特別エリアもあり得るであろうが，ほかで真似してはいけない．

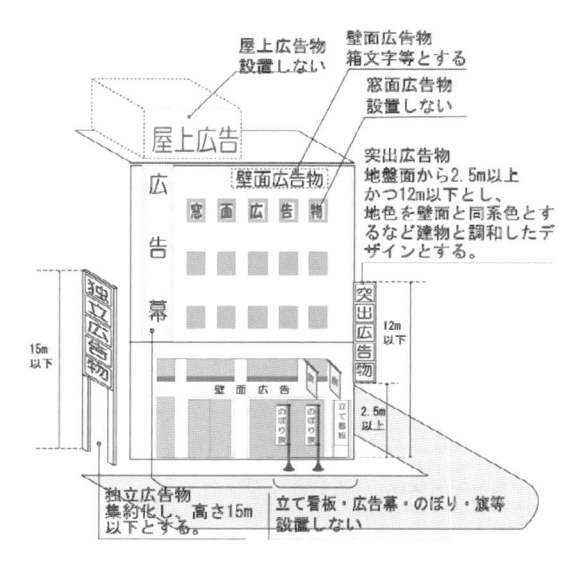

柏市柏の葉キャンパス駅周辺では，新規開発の駅前商業エリアで，屋上や窓面の広告を禁止した屋外広告物規制を導入した．
出典：文献62．

5.2 形成の仕組み | 127

63 田園風景のマネジメント
イギリスの環境農業支援制度

■田園風景の維持に必要な支援制度

日本では，田園風景の維持管理が困難になっているが，環境に配慮した農地の補助制度はまだ少ない．一方，イギリスでは大規模な予算をかけた田園のランドスケープ・マネジメントがある．例えば，イングランドの農地面積の約66%で，土地所有者と国の契約による環境農業支援のための支援金制度を用いている．契約は，国の優先地域（生物多様性アクションプランのエリア）では84%に上がり，美しいランドスケープで有名な湖水地方国立公園では，90%以上に及んでいる．

これらランドスケープ農政は環境問題に対応し，年間のCO_2換算で，346万トンの温室効果ガスの削減に貢献している．これは農林業・土地管理部門で11%の削減に相当する．農業の環境への役割を認識することが重要である．

■田園の環境支援制度の歴史と種類

田園のランドスケープ保全に有効なこの支援制度は，1987年の「環境センシティブ・エリア（ESAs）」の制度から始まった．ESAsは自然保護エリアに限定的だったのに対し，1991年から「田園支援スキーム（CSS）」の制度へ，一般的な田園地域に広がった．さらに2005年からは，両者は「環境支援スキーム（ESS）」に置き換えられ，強化された．

これらの環境農業支援制度は，国土管理の観点から，環境に配慮した土地の管理を行う農家や土地管理者に対し，その環境保全の質に応じて支援金を配分する自主的な契約制度である．国の所管は，環境・食糧・農村地域省（Defra）で，環境行政と農政とが共同しているのが特徴である．この制度の目的は，田園の中にある生物の生息地や種を保護し，ランドスケープや歴史的環境，土壌を守ることにある．また，気候変動の緩和に貢献し，洪水リスクの低減するとともに，人々が田園を訪問し，学習する機会をもたらすことに目的がある．

環境支援スキーム（ESS）の契約には，エントリーレベルとハイレベルの2種類の契約方法がある．エントリーレベルの支援制度（ELS）は，より簡単な環境管理の規定により，すべての農家，土地管理者に契約の機会が与えられていて，契約期間は5年間である．

一方，ハイレベルの支援制度（HLS）は，環境管理の非常に高い基準を設け，最大限環境価値の高い国土を確保する代わりに，高い支援金の支給を行う制度である．10年間の契約単位である．また，ハイレベルの支援制度を受けられる地域は，科学的関心の高い特別エリア，生物多様性行動計画の目標に適合するエリアなど，国内外の目標を達成するためにあらかじめエリア指定されている．これらは，欧州ランドスケープ条約（ELC）の実施にも関連づけられている．

■イングランドの成果と日本の比較

こうした環境に配慮した農業支援制度の結果，イングランドの農地の生垣（エンクロージャー）の41%が保持され，6%が復元された．25万本以上の農地内の樹木が契約に基づいて保護された．6000もの考古学遺跡が歴史的環境資源として農地内に保存されている．農地内にある歴史的建造物の59%が保存され，1998年から7400物件以上の歴史的な農場の建物のメンテナンスと修復が行われている．

これに対し，日本の農業における環境支援の制度は補助金制度（つまり，民間負担が必要）で，支援金制度と異なる．さらに，日本では農地内の遺跡，緑地，建造物，生物の環境的価値を十分に共有していない問題が見られる．

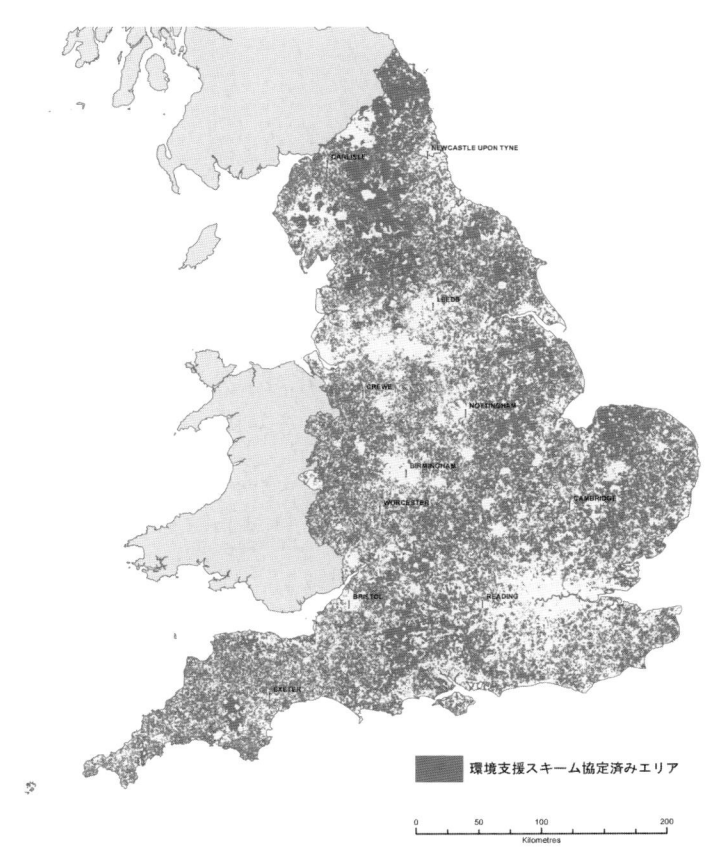

イングランドの田園環境支援スキーム協定済みエリア（2010 年）．出典：文献 82．Credit：環境食糧・農村地域省（Defra）．

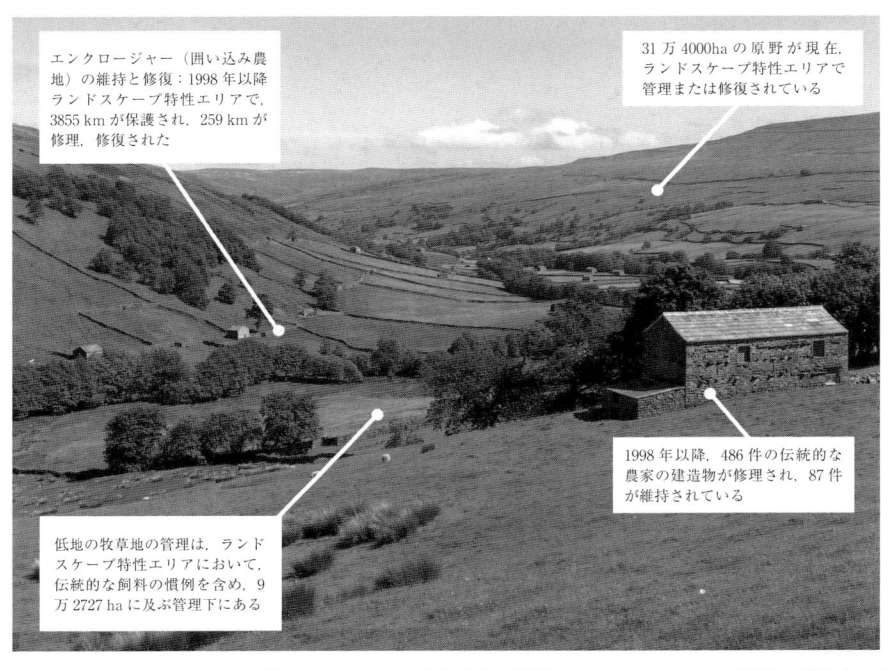

エンクロージャー（囲い込み農地）の維持と修復：1998 年以降ランドスケープ特性エリアで，3855 km が保護され，259 km が修理，修復された

31 万 4000ha の原野が現在，ランドスケープ特性エリアで管理または修復されている

1998 年以降，486 件の伝統的な農家の建造物が修理され，87 件が維持されている

低地の牧草地の管理は，ランドスケープ特性エリアにおいて，伝統的な飼料の慣例を含め，9 万 2727 ha に及ぶ管理下にある

ヨークシャーデール地方のランドスケープ特性エリアにおける環境農業支援制度が，ランドスケープ特性に貢献する効果（スウォーデール付近の写真）．出典：文献 82．Credit: Natural England/Dave Key．

5.3　ランドスケープ・マネジメントの課題

64 都市遺産の再生マネジメント
レスタウロと改造

■都市に歴史と文化が必要な理由

都市は，持続的な歴史と芸術性を有している．私たちの生活する環境は，工業生産された機能性重視の機械ではない．機械は，常に更新し，新しい製品しか残らない．しかし，都市の更新は違う．機能的発想だけでは，都市は良くならない．外国人がよく，都市に歴史と文化が必要という理由は，地域のアイデンティティに関わっている．

都市の魅力を存分に味わえる生活は，歴史を目に見えて残し，それを誇りに思っている人たちの環境の中にある．文化的な生活とは，美術館の中だけではないだろう．自分たちが何者なのか，祖先はどのような芸術に達したのか，その文化的な価値を世界の中で自覚できるかに関わっている．都市遺産はその代表なのである．

歴史的都市ランドスケープ（HUL）を維持するためには，修復・再生のマネジメントが必要である．そして，そのマネジメントは，国，自治体，大学，建築家，市民たちによって展開される．

■レスタウロ（修復）

建造物の保存と修復技術は，世界において，イタリアで最も発達した．その修復方法を「レスタウロ（restauro）」と呼ぶ．

このレスタウロの理論を完成させたチェザーレ・ブランディは，次のように定義している．

「レスタウロとは，芸術の成せる技を知るための方法である．それは，物的環境の調和であり，美的純粋性と歴史的純粋性に基づき，未来への伝達を意図している．」（1977年，文献83）

つまり，芸術的価値が修復の基本にあり，工業化と明確に対比している．もちろん，工業化時代の建造物にも一定の歴史的価値は認められているが，なんといっても海外で，芸術性以上の価値はそう見当たらない．日本が国際化を目指す際に忘れてはならないのが，単なる技術ではなく，この文化的視点である．ブランディがいっているのは，「芸術的に修復する」価値である．

さらに，ブランディは「美的純粋性」と「歴史的純粋性」に触れて，美しさを正しく理解することと，歴史上に嘘を残してはいけない，という両方のことをいっている．都市のもつ美しい芸術性の極みが，歴史上記憶されることによって，未来の都市は明るくなる．一方で，戦争や開発の人為的な破壊，嘘の修復による誤った伝承が過去に見られ，注意を払っている．

歴史的純粋性は，1972年のイタリアの修復憲章や世界遺産制度に取り入れられ，「真正性（オーセンティシティ）」ともいわれる．日本でよく見られる「復元」や「復原」は，新築で本物でないことから，真正性や歴史性はなく，修復ではない．

■改造

もう一つレスタウロと異なる手法で，建造物を再生させる代表的な方法が，「改造（トランスフォーメーション）」である（文献84）．類似する言葉の「リノベーション」でもよいが，「改造」は，より積極的な新旧の対比が魅力的だ．「改造」には国際的な定義はないが，歴史的建造物への敬愛や調和がないと，単なるリサイクル的な意味しか得られないので注意が必要である．

例えば，ドイツの国会議事堂の改造は，国際設計コンペによって選ばれたもので，戦争により傷ついた旧国会議事堂を残しつつ，エネルギー環境に優れたハイテク建築と結合することで，首都ベルリンの新しい歴史を作り出している．イギリスの大英博物館やテイト・モダンも，ロンドンのランドマークへと再生・昇華させている．

現代技術も上手に使うことで，保存手法と共存し，都市の歴史に貢献する可能性がある．

「レスタウロ」の例．イタリア・ヴェネツィア市の中心に位置するサンマルコ広場で，修復されたシンボルの時計塔（ヴェネツィア文化財監督局およびヴェネツィア建築大学ジョルジョ・ジャニギアン教授監修）．

「改造」の例．ドイツ・ベルリン市の東西ドイツ統一を象徴する場所で，再生・改造されたシンボルの国会議事堂ライヒスタック（設計はノーマン・フォスター）．戦災で失ったドームを透明なガラスで再現し，一般の展望台として公開した．国会内部は，国民や観光客に常に見られるように透明化している．自然環境を最大限取り入れたハイテク・エコ建築ともいえるが，歴史的な環境を考慮した都市遺産となっている．Credit：Daniel Schwen.

5.3 ランドスケープ・マネジメントの課題 | 131

65 都市デザインのマネジメント
設計者選定とデザイン・レビュー

■公共事業の設計者選定

　都市デザインを実戦するうえで，最も重要なのは，公共事業のデザイン・クオリティを向上すること，周囲の民間事業と一体的にデザイン協議することである．都市デザインの組織が行政部局に組織される必要があり，公共事業の場合，道路や公園など，部局ごとに分割される前に，デザイン全体を統括する都市デザインの指示系統が必要である．欧米で見られるこうした部局を初めて日本でも導入したのが横浜市であり，六大公共事業で実現に結びつけたのが，田村明であった．

　次に重要なのは個々の事業の設計者の選定であるが，これを阻んでいるのが競争入札制度である．税金の無駄を省くために生まれたこの仕組みでは，より安価な設計費で請け負う者が選ばれるため，結果，良好な質を獲得することが不可能となる．合理的な費用を維持しながらも，良質の案を提示する設計者をコンペなどで選ぶことなしに，都市デザインを実施することは難しい．

　自治体が，設計者や計画者の選定に手を抜くことなく，適任者を見つけ出せれば，その事業における都市デザインの結果を得る条件が整う．

■民間事業のマスターアーキテクトの選定

　一方，都市再開発事業のように，民間が主体となって大規模な計画が立案される場合，複数の建築物やオープンスペースをデザイン統括するマスタープランが必要となる．このプランを作成する計画者となるマスターアーキテクト次第で，都市デザインの質が定まる．

　例えば，千葉県の幕張ベイタウンや柏の葉147街区，148街区においては，マスターアーキテクトの起用を義務づけている．そして，複数の建築家の参加による多様性と，全体アイデンティティの構築を求める方法を採用している．

■デザイン・レビューの課題とコンペの併用

　デザイン・レビューとは，個々の都市開発の設計段階で，届出制度を通じて第三者の介入によって公共的観点からデザインの審議を行うものである．日本においては，景観アドバイザー会議などと呼ばれている．条例に基づいて設置された会議で，学識経験者などの専門家が委員を担っている．個々の案件において，周囲の環境との調和のための改善点を指摘するが，ほぼ計画や設計が完了した段階で行うと変更が難しいため，半年以上前に事前協議が必要である．また，会議自体が一般公開されない現状で，企業の利益を優先し，公共の利益や市民の知る権利が退けられているかたちであるため，民主主義の問題も残している．

　筆者のアドバイザー会議の経験上，都市デザインのマネジメントを改善するためには，設計者の選定に力を入れることが，最も有効な手段と思われる．できる限り公共施設の設計コンペやプロポーザルによる設計者選定などの方法を採用したうえで，アドバイザー会議をチェック機能として併用することが理想的である．

■設計者選定の絶え間ない改善

　海外において当然のこととなっているコンペ，つまり設計者選定の仕組みには，中世以降の長い歴史がある．使い捨てではない都市文化の構築，最高水準のデザインがもたらす持続的な社会環境の実現を行政に説得しなければならない．過去の実績にとらわれることなく，若い建築家を含むかたちで，設計図や質疑によって行うべきである．

　最近，経済評価を加味する総合評価の審査会を目にすると，設計の配点が逆転され，デザインを重視した結果となっていない問題がある．設計者選定の審査体制を常に見直し，国際的に評価されるような事業のマネジメントが必要である．

横浜市の国際設計コンペで獲得した国際フェリーターミナル．港周辺エリアの一連の都市デザインをけん引する一つの契機となった．設計はスペインの若い建築家事務所FOAによるもので，屋上がオープンスペースとなっているため，海に張り出した立体公園となっている．デザイン的には建築の姿を消し，シークエンスが連続する彫刻的な作品に仕上がっている．この計画は，国際的に都市デザイン文化に貢献し，横浜を有名にしただけでなく，欧州で続くその後の都市開発に良い影響を与えている．

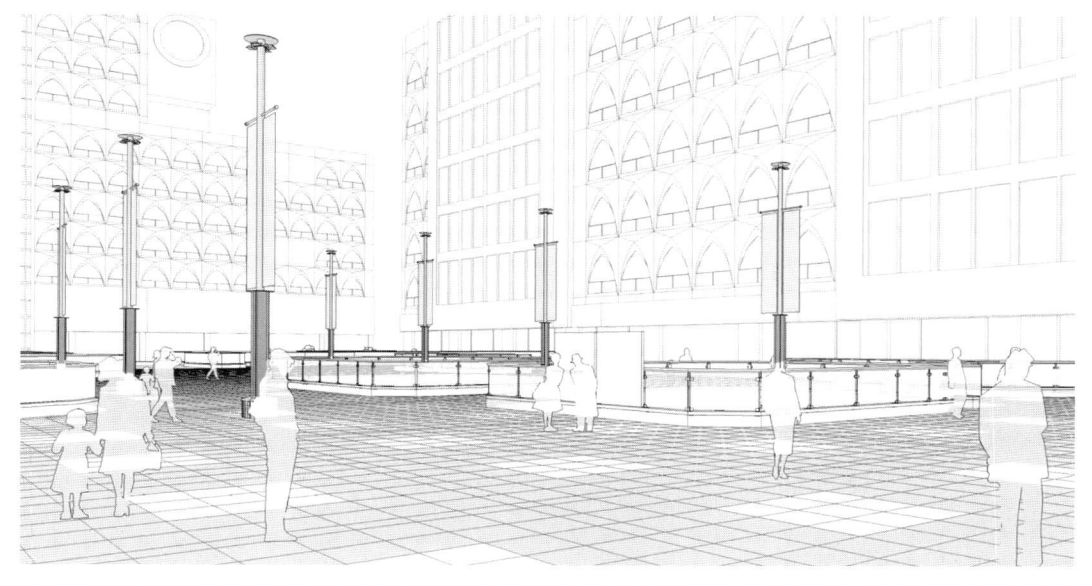

柏市において筆者が関与したプロポーザルによる設計者選定の事例である柏市駅前デッキの改修．排水量を増し，水勾配を必要としない，初めて考案された二重床のデザイン．また，手すりとサインの一体化した合理的デザインが評価された．デザインはアプル総合計画事務所によるもの．

5.3 ランドスケープ・マネジメントの課題

66 ランドスケープ・アセスメント
再生可能エネルギー施設の評価方法

■ランドスケープ・アセスメント体制

　環境アセスメント制度を用いて，ランドスケープ・アセスメントを行う仕組みも必要である．しかし，日本では景観やランドスケープの専門家が，環境分野に関わっていないのが実態である．その結果は，景観影響評価報告書の中の景観のページの薄さに表れている．例えば，634 m の電波塔（東京スカイツリー）の場合でも，周囲最大 3.8 km しか評価されておらず，評価も甘い問題がある．

　「環境影響評価（EIA）」の制度確立以来，大気や水質の評価などと比較して，ランドスケープの影響の低減について，不十分な記載が目立つ．これでは日本の場合，都市計画審議会や景観審議会の方が，開発に対して有効な措置が取れる．

　それでも，筆者が関わった環境審議会の案件の体験では，野積みの廃棄物処理場や清掃工場のように，対象物件によっては，環境アセスメントで有効な風景指導が行われた場合もある．

　今後は，p.12 で解説したとおり，計画決定される以前に行う「戦略的環境アセスメント（SEA）」が導入されれば，幅広い計画書に環境配慮を義務づけることになり，ランドスケープ・アセスメントの役割が増していくだろう．その場合，専門家の関与や基準づくりを促す必要がある．

■再生可能エネルギー施設のアセスメント

　現在各国で注目されているのは，風車のランドスケープ・アセスメントである．日本でも原発事故を契機に，再生可能エネルギー施設の必要性が増し，風車のランドスケープの問題が生じてくると予想される．また，地熱発電所や太陽光発電所の立地も同様の問題が生じる．

　今後，再生可能エネルギー施設立地のランドスケープ・ガイドラインの作成が必要であるが，準備が進められていないのが問題だ．

■風車のガイドライン

　2002 年イギリスのランドスケープ学会が，視覚上の評価方法のガイドラインを作成した．2006 年にはスコットランド政府が，風車のランドスケープのガイダンスを作成している．

　まず，理論上の可視域（ZTV）の確認が必要である．ZTV は地形のモデルでだけで評価するので，建築物などの遮蔽を考慮しないが，見える可能性がある範囲を理解できる．

　一方，トーマスとシンクレアは，風車の高さごとの視覚上の影響域（ZVI）を明らかにしている．風車のタービン高さ 41〜48 m で影響域 ZVI は 13〜16 km，中型風車の高さ 72 m〜74m で影響域は 18〜23 km，大型風車の高さ 90 m〜100 m（羽根の最高高さ 145 m）で，影響域は 23〜30 km に及ぶ．また，評価はマグニチュード（影響の大きさ）として，「大」「中」「小」「無」の 4 段階で評価判定される．

　風車の評価の際には，視覚的効果を確認するため，1）現状の風景，2）地形と風車の関係を読み取るためのワイヤーフレームによる表示，3）フォトモンタージュを並べて比較する方法を採っている（上図参照）．その際に，カメラレンズは 50 mm（35 mm 判）で撮り，判断しやすいように，A3 横使いで横長に大きく印刷するとしている．

　さらに，1997 年以降 EU 指令によって，複数の風車群による影響を考慮する必要がある（中右図参照）．単体と異なり群を評価する際に，視点場のアングルによって大きく印象が変わる．したがって，風車の配列を含めてシミュレーションし，より効果的に影響を低減する方法が採られる．

　一方，イタリアで最も風車が多いプーリア州政府では，風景計画の中に風車のガイドラインを導入し，ランドスケープの影響を考慮して，風車の適地を誘導している．

イギリス・マンスフィールド近郊の風車の環境影響評価におけるランドスケープのワイヤーフレームとフォトモンタージュによる検討例．2点とも出典：文献29．Credit：LUC on behalf of RWE npower renewable.

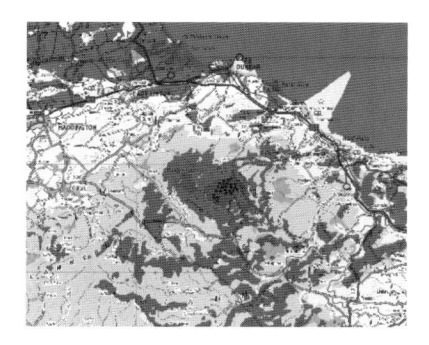

図の中央に複数の点が見えているが，風車の位置を示している．ハッチングは，理論上風車が見えるエリアを地形から逆算して求めている．これを「理論上の可視域（Zone of Theoretical Visibility：ZTV）」と呼ぶ．出典：文献85．

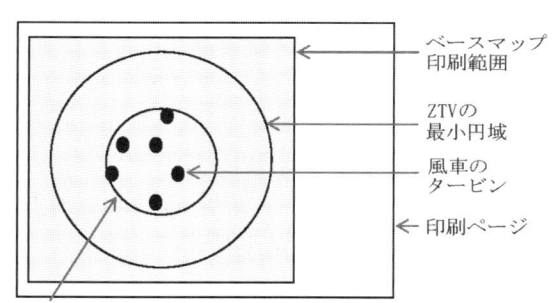

スコットランドのガイダンスによれば，風車の群をまとめて評価するため，すべての風車のタービンを含める最小円域をベースにして，理論上の可視域（ZTV）を考慮するように導いている．出典：文献85．

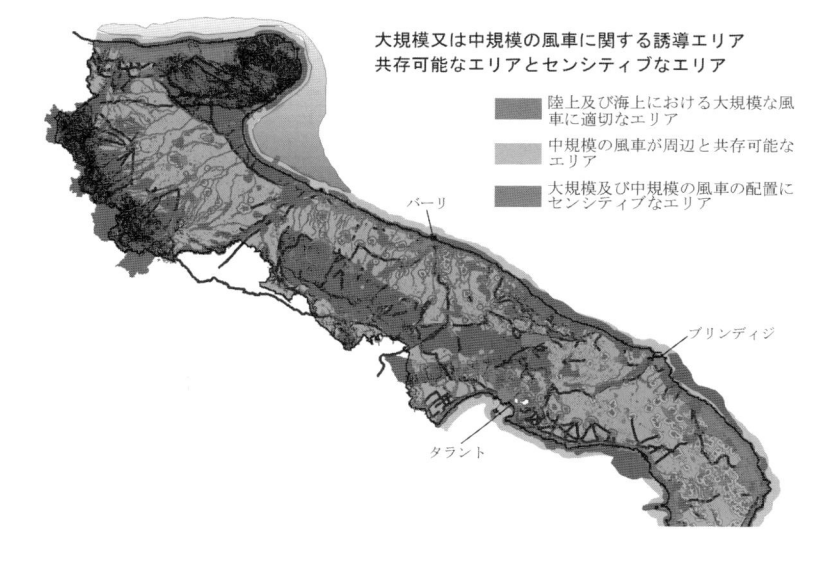

イタリア・プーリア州政府の風景計画における風車のガイドライン．ランドスケープの影響を考慮して，風車の適地図を作成している．工業用地および採掘用地および海上に，大規模な風車を誘導している．薄いハッチング部分の農地には，中規模の風車を誘導している．一方，海岸部や山岳部の自然環境保護エリアなどで，風車を誘導しない．こうした図は戦略的環境アセスメント（SEA）の際に活用できる．出典：文献86．Credit：Regione Puglia.

5.3 ランドスケープ・マネジメントの課題 | 135

参 考 文 献

第1章　ランドスケープとは何か

1. Riccardo Priore (2009), No People, No Landscape, La Convenzione europea del paesaggio：luci e ombre nel processo di attuazione in Italia, Franco Angeli
2. 進士五十八 (2005), 日本の庭園, 造景の技とこころ, 中公新書
3. 小野健吉 (2009), 日本庭園, 空間の美の歴史, 岩波新書
4. 唐木順三 (1993), 日本人の心の歴史, 上下巻, ちくま学芸文庫
5. Hansjorg Kuster (2009), Piccola Storia del Paesaggio, Donzelli Editore
6. Paolo Baldeschi (2011), paesaggio e territorio, Le Lettere
7. Michael Jakob (2009), Il paesaggio, il Mulino
8. 志賀重昂 (1894), (近藤信行 1995 年校訂), 日本風景論, 岩波文庫
9. 大室幹雄 (2003), 志賀重昂『日本風景論』精読, 岩波現代文庫
10. 和辻哲郎 (1979), 風土　人間学的考察, 岩波文庫
11. オギュスタン・ベルク (1988), 篠田勝英 (訳), 風土の日本, 自然と文化の通態, ちくま学芸文庫
12. オギュスタン・ベルク (1990), 篠田勝英 (訳), 日本の風景・西欧の景観　そして造景の時代, 講談社現代新書
13. オギュスタン・ベルク (2011), 木岡伸夫 (訳), 風景という知, 近代のパラダイムを超えて, 世界思想社
14. Eugenio Turri, Il paesaggio come teatro, Dal territorio vissuto al territorio rappresentato, Marsilio
15. Gordon Cullen (1961), Townscape, The Architectural Press
16. ゴードン・カレン (1975), 北原理雄 (訳), 都市の景観, 鹿島出版会
17. Kevin Lynch (1960), The Image of the City, The MIT Press
18. ケヴィン・リンチ (1968), 都市のイメージ, 丹下健三, 富田玲子 (訳), 岩波書店
19. 芦原義信 (1970), 街並みの美学, 岩波書店
20. 樋口忠彦 (1975), 景観の構造, 技報堂出版
21. 中村良夫 (1977), 景観論, 土木工学体系 13, 彰国社
22. 中村良夫 (1982), 風景学入門, 中公新書
23. 篠原　修編 (1998, 2007), 景観用語事典, 彰国社
24. 日本建築学会編 (2009), 生活景, 身近な景観価値の発見とまちづくり, 学芸出版社
25. 西村幸夫 (2004), 都市保全計画：歴史・文化・自然を活かしたまちづくり, 東京大学出版会
26. イアン・マクハーグ (1994), 下河辺淳, 川瀬篤美 (訳), デザイン・ウィズ・ネイチャー, 集文社
27. アン・スパーン (1995), 高山啓子 (訳), アーバン・エコシステム－自然と共生する都市, 公害対策技術同友会
28. 武内和彦 (2006), ランドスケープ・エコロジー, 朝倉書店
29. Rebecca Knight (2009), 6 Landscape and visual, Methods of Environmental Impact Assessment 3rd Edition, edited by Peter Morris and Riki Therivel, Routlege
30. Riki Therivel (2004), Strategic Environmental Assessment in Action, Earthscan
31. 欧州ランドスケープ条約 European Landscape Convention (2000 年 10 月 20 日)
32. 宮脇　勝, 欧州ランドスケープ条約 ELC の成立前後にみる「ランドスケープ」の司法上の定義に関する研究：欧州ランドスケープ条約, 憲法, 法律の定義の比較分析, 日本都市計画学会論文集, No.46-3, 2011 年, pp.205-210
33. 柳川市まちづくり課 (2012), 柳川市景観計画
34. カルロペトリーニ (2009), 石田雅芳 (訳), スローフードの奇跡, 三修社
35. ヤン ゲール (2011), 北原理雄 (訳), 建物のあいだのアクティビティ, 鹿島出版会

第2章　ランドスケープの特性と知覚

36. ハワードサールマン (1983, 2011), 小沢　明 (訳), パリ大改造－オースマンの業績, 井上書院
37. Tony Garnier (1996), Une Cité Industrielle, Princeton Architectural Press
38. 西村幸夫, 宮脇　勝, 鳥海基樹, 赤坂　信, 井川博文, 中井検裕, 田中暁子, 阿部大輔, 秋本福雄, 坂本圭司, 出口　敦, 中島直人, 下村彰男 (2005), 都市美：都市景観施策の源流とその展開, 学芸出版社
39. INAX ギャラリー企画委員会 (2006), タワー　内藤多仲と三塔物語, INAX 出版
40. 松倉史英, 宮脇　勝 (2006), 江戸東京最都心部における道路と街区の形成年代に関する研究：東京都中央区全域及び月島地区の街区の歴史性, 日本都市計画学

会論文集，No. 41-3，pp. 953-958
41. 権載勉，宮脇 勝（2010），GISを用いた土地利用からみた風景の安定性に関する研究：1978年と2001年の千葉市の風景の変化と不変化に着目して，日本建築学会計画系論文集 第75巻，第658号，pp. 2863-2872
42. 宮脇 勝（2011），ランドスケープ・アセスメントの手法：イギリスのランドスケープ特性アセスメントLCA，Landscape Design, no. 81, pp. 68-73
43. Jo Clark, John Darlington & Graham Fairclough (2004), Using Historic Landscape Characterisation, English Heritage
44. 宮脇 勝（2012），ランドスケープの歴史文化の活用：イギリスの歴史的ランドスケープ・キャラクタライゼーションHLCの手法，Landscape Design, no. 83, pp. 87-91
45. 宮脇 勝（2012），歴史的景観キャラクタライゼーションに関する研究：鎌倉市中心部の寺社・道路・街区・水路・土地利用の歴史的景観特性アセスメント，日本都市計画学会論文集，No. 47-3, pp. 607-612
46. 宮脇 勝，梶原千尋（2007），景観規制が地価に及ぼす影響に関する研究：金沢市，倉敷市，萩市の伝統的建造物群保存地区周辺のヘドニック・アプローチによる地価関数の推計，日本都市計画学会論文集，No. 42-3, pp. 115-120

第3章 風景計画
47. 西村幸夫・町並み研究会（2003），日本の風景計画：都市の景観コントロール到達点と将来展望，学芸出版社
48. 西村幸夫・町並み研究会（2000），都市の風景計画：欧米の景観コントロール 手法と実際，学芸出版社
49. Provincia di Bologna (2005), Futuro metropolitano, Un progetto per il territorio bolognese, Alinea Editrice
50. 熊本県都市計画課（2008），熊本県景観計画
51. 島根県（1992），ふるさと島根の景観づくり条例
52. Regione Lazio, Assessorato Urbanistica (2007), Piano Territoriale Paeggistico Regionale
53. ロンドン（2011），The London Plan 2011
54. ロンドン，シティ区（2002），City Unitary Development Plan, 2002
55. 東京都都市整備局（2011），東京都景観計画
56. 倉敷市建設局（2009），倉敷市景観計画
57. 金沢市都市整備局（2011），金沢市景観計画
58. 京都市都市計画局（2012），京都市景観計画
59. Comune di Roma (2006), Piano Regolatore Generale
60. 広島市都市整備局（1996），原爆ドーム及び平和記念公園周辺建築物等美観形成要綱
61. 宮脇 勝，北原理雄（2002），都市計画法の用途地域制と景観条例の景観地域区分の整合性に関する研究：千葉県柏市景観形成ガイドラインの事例，日本都市計画学会論文集，No. 37, pp. 997-1002
62. 柏市都市計画課（2007），柏市景観計画
63. Nino Cannella ed Egidio Cupolillo (1996), Il piano del colore, Dipingere la città, L'esperienza pilota di Torino, Umberto Allemandi & C.
64. Citta di Torino (1982), Piano del Colore, Guida agli interventi di restauro e manutenzione
65. マテオ・ダリオ-パオルッチ，宮脇勝（2005），群馬県山村集落六合村赤岩地区における文化的景観に関する研究：歴史的な絵図，地籍図，土地台帳を用いた農地のランドスケープの歴史的変遷分析，日本都市計画学会論文集，No. 40, pp. 817-822
66. 中井正弘（1981），伝仁徳陵と百舌古墳群：近世資料を中心とした研究と航空写真，摂河泉文庫
67. 北岡勝江，宮脇 勝（2008），台東区における寺町の道路と街区と寺院の歴史的変遷に関する研究：台東区全域と谷中・浅草を事例に，日本都市計画学会，都市計画論文集 No. 43-2, pp. 673-678
68. Masaru Miyawaki (2010), Landscape legislation in Japan, Architecture and Landscape Italy/Japan Face to Face, List- Laboratorio Editoriale

第4章 都市デザイン
69. Tom Porter (2011), Will Alsop-The Noise, Routledge
70. 宮脇 勝（2012），アーバン・ランドスケープ・デザイン：中心市街地の都市再生とマスターアーキテクト，Landscape Design, no. 84, pp. 90-95
71. 宮脇 勝（2012），新しいランドスケープのためのビジョンとデザイン：ウィル・アルソープの都市再生マスタープラン，Landscape Design, no. 85, pp. 94-99
72. 宮脇 勝（2012），アーバン・ランドスケープ・マネージメント：工業エリアの再生コンペと水辺の眺望アセスメント，Landscape Design, no. 86, pp. 88-93
73. David Littlefield (2009), Liverpool One Remaking a City Centre, John Wiley & Sons Ltd
74. Città di Venezia (2003), Criteri regolamentari per l'espressione del parere per la concessione di suolo pubblico nel centro storico
75. 宮脇 勝（2012），アーバン・ランドスケープ・マネジメント：工業エリアの再生コンペと水辺の眺望アセスメント，Landscape Design, no. 86, pp. 68-73
76. 宮脇 勝（2003），サンフランシスコ市ミッションベイ地区開発の都市デザイン基準に関する考察，再開発計画，都市デザイン基準，デザインガイドラインの策定事例，都市計画学会報告集，No. 1, pp. 9-15
77. Masaru Miyawaki (2010), Projects from Chiba, Architecture and Landscape Italy/Japan Face to Face, List- Laboratorio Editoriale
78. 宮脇 檀（1985），街並の設計手法：戸建住宅地の場合：

宮脇檀建築研究室，都市住宅 8508，p. 23-66
79. 宮脇檀建築研究室（1999），コモンで街をつくる：宮脇檀の住宅地設計，丸善プラネット
80. 中井検裕，住宅生産振興財団（2010），住まいのまちなみを創る：工夫された住宅地・設計事例集，建築資料研究社

第 5 章　ランドスケープのための制度と課題

81. クラレンス・ペリー（1975），倉田和四生（訳），近隣住区論：新しいコミュニティ計画のために，鹿島出版会
82. 宮脇　勝（2012），ルーラル・ランドスケープ・マネージメント：環境に配慮した農業への支援，Landscape Design, no. 87, pp. 90-95
83. Cesare Brandi（1977, 2000），Teoria del restauro, Einaudi
84. 宮脇　勝（2000），改造建築：公共建築の増改築手法，SD2000 年 10 月号，鹿島出版会
85. horner＋maclennan & Envision（2006），Visual Representation of Windfarms, Good Practice Guidance, Scottish Natural Heritage, The Scottish Renewables Forum and the Scottish Society of Directors of Planning
86. Regione Puglia（2010），Linee guida sulla progettazione e localizzazione di impianti energia rinnovabile, Piano Paesaggistico Territoriale Regionale

索　引

欧　文

EIA　12, 13, 134
ELC　14, 15, 18, 19, 28-30
ESS　128
GIS　44, 45
HLC　50-53
HSC　50
HUL　52, 68, 114, 116, 130
LCA　48, 50
SEA　12, 13, 134, 135
time-depth　50
ZTV　12, 13, 134, 135
ZVI　134

あ　行

芦原義信　8, 9
芦屋　118
アドバイザー会議　132
アーバンデザイナー　86
アン・スパーン　10, 11

イアン・マクハーグ　10, 11
生垣　46, 47, 128
イタリア式庭園　4
イングランド　128

ヴィッラ・アドリアーナ　63
ヴィッラ・デステ　5, 63
ヴェネツィア　74, 75, 96
ウルバーニ法典　18, 62
運河　82, 83, 90, 91

エコロジカル・ネットワーク　59, 68
絵図　76
エンクロージャー　32

欧州評議会　14, 28, 29, 30
欧州ランドスケープ条約（ELC）　14, 15, 18, 19, 28-30
オースマン　36, 37
オープンカフェ　96
オホーツク　56

か　行

街区　42, 52, 69, 80, 81, 82
改造　130, 131
柏　72, 73, 104, 105, 127
金沢　54, 66
鎌倉　52, 112, 113
カール・トロール　10
カルロ・ペトリーニ　24, 25
環境アセスメント　12, 134
環境影響評価（EIA）　12, 13, 134
環境権　16
環境支援スキーム（ESS）　128
環境・食糧・農村地域省（Defra）　18, 128, 129
完全性　116

キャラクタライゼーション　42, 48, 50, 68
京都　66, 70, 71, 112, 118, 119, 122, 123, 127
近隣住区理論　120, 121

区画整理　78
熊本　60, 61
倉敷　54, 66
グランツーリズム　2

景観行政団体　124, 125
景観計画　60, 61, 64-67, 70-73
景観地区　118, 119
景観の協定　124, 125
景観の条例　124, 125
景観法　20, 118, 119, 124
芸術的価値　130
ケヴィン・リンチ　8
ゲーツヘッド　88
顕著な普遍的価値　116, 117
憲法　16, 17

公園　70, 72, 94, 95, 101, 120, 121
航空写真　46, 47, 52
広告物　126
高度地区　122
国立公園　60, 61, 110, 111
古代遺跡　2, 32

古都保存法　112
ゴードン・カレン　8, 9
コペンハーゲン　26
コモン　106, 107, 108
コンペ　88, 94, 104, 108, 130, 132, 133

さ　行

堺　78
作庭記　4
里山　10, 44
サンフランシスコ　100

シエナ　2, 3, 98
視覚上の影響域（ZVI）　134
志賀重昂　7
色彩　74
色彩計画　74, 75
不忍池　81
島根　60, 61
市民参加　56, 100
視野　38
修復　74, 75
条里制　32
新木場　102
新古典主義　36
真正性　116, 130

水域占用　90
水盤　92, 93
水陸占用　91
スカイライン　38, 64, 88, 89
スローフード　24, 25

生態系　112
世界遺産　4, 52, 70, 78, 94, 115, 116, 117, 130
セントポール大聖堂　64, 65
占用　90
占用許可　97
戦略的環境アセスメント（SEA）　12, 13, 134, 135

た 行

大名庭園　4, 34, 35, 70
武内和彦　10
太宰治　6
館山　46

地区計画　122
地籍図　76, 77
千葉　123
眺望　38, 40, 41, 64-67, 86-89
眺望アセスメント　40, 64

定義　6-8, 10, 14, 15, 18, 19, 20, 26
低炭素　108
寺町　80
田園都市　36
伝統的建造物群保存地区（伝建地区）　54, 66, 114

東京　42, 64, 65, 70, 71, 80, 82, 83, 90, 102, 114, 118, 123, 126, 127
東京タワー　40, 41
道路　42, 52, 80, 82, 106
道路占用　96-98
都市遺産　130, 131
都市計画法　112
都市軸　36, 104, 105
土地区画　106
土地区画整理　104
土地利用　44, 52, 62, 68, 72, 76, 77, 78, 104
トニー・ガルニエ　36, 37
トリノ　74, 75

な 行

中之条町　76

認定制度　118
仁徳天皇陵古墳　2, 3, 78, 79

は 行

パノラマ　38

パブリック・スペース　92

美観地区　66, 118, 119
ビューコーン　66, 88
広島　70, 71
広松伝　22, 23

フィレンツェ　34, 35
風景計画　30, 58, 62, 63, 70, 134
風景権　14
風車　134, 135,
風致地区　78, 79, 112, 113
富士山　38-41
普遍的価値　116
ブラッドフォード　92
フランス式庭園　4
プランナー　58
文化庁　18, 50
文化的価値　58, 62
文化的景観　20, 80, 115

ヘドニック・アプローチ　54

ポンペイ　3

ま 行

マスターアーキテクト　86, 92, 94, 104-107, 132
マスタープラン　68, 69, 86, 87, 92, 94, 100-103, 108
真鶴　125
マネジメント　58
万葉集　4, 6

ミカエル・ヤコブ　6
水　2, 10, 22, 72, 74, 91, 101, 102, 103, 115
水辺　90
宮脇檀　106
三好学　7

夢窓疎石　4

名勝　110, 111

モニタリング　44

や 行

柳川　22
ヤン・ゲール　8, 26, 27

用途地域　72, 73, 79
横浜　38, 39, 125

ら 行

ラツィオ　62, 63
ランドスケープ特性アセスメント（LCA）　48, 50
ランドマーク　40, 64, 88, 130

リチャード・フォアマン　10
リバプール　94
理論上の可視域（ZTV）　12, 13, 134, 135

ル・コルビュジェ　36

歴史的価値　40, 52, 76, 77, 78, 130
歴史的シースケープ・キャラクタライゼーション（HSC）　50
歴史的都市　68
歴史的都市ランドスケープ（HUL）　52, 68, 114, 116, 130
歴史的ランドスケープ・キャラクタライゼーション（HLC）　50-53
歴史まちづくり法　124
レスタウロ　130, 131

ローマ　68, 69
ロンドン　64, 98, 130

わ 行

ワークショップ　56, 100
和辻哲郎　7

著者略歴

宮脇　勝（みやわき　まさる）

1966年　北海道に生まれる
1995年　東京大学大学院工学系研究科都市工学専攻博士課程修了
現　在　名古屋大学大学院環境学研究科都市環境学専攻 准教授
　　　　博士（工学）
　　　　単著に『改造建築』（鹿島出版会，SD0010号），共著に『都市の風景計画』
　　　　『都市美』（学芸出版社）など．
　　　　計画に『柏の葉キャンパス駅周辺のアーバンデザイン』『柏市景観計画』
　　　　など．2004年国土交通大臣賞受賞．

ランドスケープと都市デザイン
―風景計画のこれから―

　　　　　　　　　　　　　　　　　　　　　　　　　定価はカバーに表示

2013年3月20日　　初版第1刷
2017年4月25日　　　第3刷

　　　　　　　　　　　　　　　著　者　　宮　脇　　　勝
　　　　　　　　　　　　　　　発行者　　朝　倉　誠　造
　　　　　　　　　　　　　　　発行所　　株式会社　朝倉書店
　　　　　　　　　　　　　　　　　　　　東京都新宿区新小川町 6-29
　　　　　　　　　　　　　　　　　　　　郵便番号　 162-8707
　　　　　　　　　　　　　　　　　　　　電話　03（3260）0141
　　　　　　　　　　　　　　　　　　　　FAX　03（3260）0180
〈検印省略〉　　　　　　　　　　　　　　　http://www.asakura.co.jp

Ⓒ 2013〈無断複写・転載を禁ず〉　　　　　　印刷・製本　東国文化

ISBN 978-4-254-26641-2　C 3052　　　　　　　Printed in Korea

JCOPY　〈(社)出版者著作権管理機構　委託出版物〉

本書の無断複写は著作権法上での例外を除き禁じられています．複写される場合は，そのつど事前に，(社)出版者著作権管理機構（電話 03-3513-6969，FAX 03-3513-6979，e-mail: info@jcopy.or.jp）の許諾を得てください．

豊橋技科大 大貝　彰・豊橋技科大 宮田　譲・大阪大 青木伸一編著

都市・地域・環境概論

26165-3 C3051　　　Ａ５判 224頁 本体3200円

安全・安心な地域形成、低炭素社会の実現、地域活性化、生活サービス再編など、国土づくり・地域づくり・都市づくりが抱える課題は多様である。それらに対する方策のあるべき方向性、技術者が対処すべき課題を平易に解説するテキスト。

日本都市計画学会編

60プロジェクトによむ 日本の都市づくり

26638-2 C3052　　　Ｂ５判 240頁 本体4300円

日本の都市づくり60年の歴史を戦後60年の歴史と重ねながら、その時々にどのような都市を構想し何を実現してきたかについて、60の主要プロジェクトを通して骨太に確認・評価しつつ、新たな時代に入ったこれからの都市づくりを展望する。

東大 西村幸夫編著

まちづくり学
――アイディアから実現までのプロセス――

26632-0 C3052　　　Ｂ５判 128頁 本体2900円

単なる概念・事例の紹介ではなく、住民の視点に立ったモデルやプロセスを提示。〔内容〕まちづくりとは何か／枠組みと技法／まちづくり諸活動／まちづくり支援／公平性と透明性／行政・住民・専門家／マネジメント技法／サポートシステム

東大 西村幸夫・工学院大 野澤　康編

まちの見方・調べ方
地域づくりのための調査法入門

26637-5 C3052　　　Ｂ５判 164頁 本体3200円

地域づくりに向けた「現場主義」の調査方法を解説。〔内容〕1.事実を知る（歴史、地形、生活、計画など）、2.現場で考える（ワークショップ、聞き取り、地域資源、課題の抽出など）、3.現象を解釈する（各種統計手法、住環境・景観分析、GISなど）

職能開発大 和田浩一・早大 佐藤将之編著

フィールドワークの実践
――建築デザインの変革をめざして――

26160-8 C3051　　　Ａ５判 240頁 本体3400円

設計課題や卒業設計に取り組む学生、および若手設計者のために、建築設計において大変重要であるフィールドワークのノウハウをわかりやすく解説する。〔内容〕フィールドワークとは／準備と実行／読み解く／設計実務事例／文献紹介。

日本建築学会編

都市・建築の 感性デザイン工学

26635-1 C3052　　　Ｂ５判 208頁 本体4200円

よりよい都市・建築を設計するには人間の感性を取り込むことが必要である。哲学者・脳科学者・作曲家の参加も得て、感性の概念と都市・建築・社会・環境の各分野を横断的にとらえることで多くの有益な設計上のヒントを得ることができる。

京大 森本幸裕・日文研 白幡洋三郎編

環境デザイン学
――ランドスケープの保全と創造――

18028-2 C3040　　　Ｂ５判 228頁 本体5200円

地球環境時代のランドスケープ概論。造園学、緑地計画、環境アセスメント等、多分野の知見を一冊にまとめたスタンダードとなる教科書。〔内容〕緑地の環境デザイン／庭園の系譜／癒しのランドスケープ／自然環境の保全と利用／緑化技術／他

東大 横張　真・長崎大 渡辺貴史編著
シリーズ〈緑地環境学〉3

郊外の緑地環境学

18503-4 C3340　　　Ａ５判 288頁 本体4300円

「郊外」の場において、緑地はいかなる役割を果たすのかを説く。〔内容〕「郊外」とはどのような空間か？／「郊外」のランドスケープの形成／郊外緑地の機能／郊外緑地にかかわる法制度／郊外緑地の未来／文献／ブックガイド

兵庫県大 平田富士男著
シリーズ〈緑地環境学〉4

都市緑地の創造

18504-1 C3340　　　Ａ５判 260頁 本体4300円

制度面に重点をおいた緑地計画の入門書。〔内容〕「住みよいまち」づくりと「まちのみどり」／都市緑地を確保するためには／確保手法の実際／都市計画制度の概要／マスタープランと上位計画／各種制度ができてきた経緯・歴史／今後の課題

農工大 千賀裕太郎編

農村計画学

44027-0 C3061　　　Ａ５判 208頁 本体3600円

農村地域の21世紀的価値を考え、保全や整備の基礎と方法を学ぶ「農村計画」の教科書。事例も豊富に収録。〔内容〕基礎（地域／計画／歴史）／構成（空間・環境・景観／社会・コミュニティ／経済／各国の農村計画）／ケーススタディ

日本デザイン学会環境デザイン部会著

つなぐ 環境デザインがわかる

10255-0 C3040　　　Ｂ５変判 160頁 本体2800円

デザインと工学を「つなぐ」新しい教科書〔内容〕人でつなぐデザイン（こころ・感覚・行為）／モノ（要素・様相・価値）／場（風土・景色・内外）／時（継承・季節・時間）／コト（物語・情報・価値）／つなぎ方（取組み方・考え方・行い方）

筑波大 森　竹巳編著

アートとデザインの構成学
――現代造形の科学――

10246-8 C3040　　　Ｂ５判 160頁 本体3700円

絵画、建築、ファッション、書籍などさまざまなデザイン分野を学ぶうえで重要な基礎造形の知識を、「構成」をキーワードに解説。〔内容〕構成学とは／基礎造形とデザイン／テキスタイル／造形教育／平面構成／立体構成／空間デザイン／他

上記価格（税別）は2017年3月現在